自然环境保护

很重要

徐先玲　梁　淇　编著

U0212752

中国商业出版社

图书在版编目（CIP）数据

自然环境保护很重要 / 徐先玲，梁淇编著 .—北京：中国商业出版社，2017.11

ISBN 978-7-5208-0065-5

Ⅰ . ①自… Ⅱ . ①徐… ②梁… Ⅲ . ①环境保护－青少年读物 Ⅳ . ① X-49

中国版本图书馆 CIP 数据核字 (2017) 第 231689 号

责任编辑：常　松

中国商业出版社出版发行

010-63180647　　www.c-cbook.com

（100053　北京广安门内报国寺 1 号）

新华书店经销

三河市同力彩印有限公司印刷

*

710×1000毫米　16 开　12 印张　195 千字

2018 年 1 月第 1 版　2018 年 1 月第 1 次印刷

定价：35.00 元

* * * *

（如有印装质量问题可更换）

目录

contents

第二章　丰富物产的合理保护——自然资源学习篇

第三章　营造和谐的人类家园——自然资源知识篇

第一章

宝贵遗产的科学规划——
自然资源探索篇

第一节 自然资源概述

在漫长的地球演化过程中，形成了充满神秘色彩的美丽富饶的大自然。千百年来，正是大自然中的自然资源以各种形式孕育了人类悠长而厚重的文明史。因此可以说，自然资源——孕育生命的海洋、承载万物生灵的土地、正在消失灭绝的数以万计的生物、变幻莫测的气候状况和千奇百怪的地球之最，是孕育生命的摇篮，是大自然馈赠给

▲　海洋生物

人类最丰厚的礼物，更是人类赖以生存和发展的物质基础及社会物质、精神财富的源泉。

　　既然自然资源是人类赖以生存和发展的物质基础，是社会财富的重要源泉，是一个国家经济发展和人民生活水平提高的重要条件，对一个国家的发展至关重要，那么，究竟什么才是自然资源呢？

　　一般来说，自然环境中，凡是与人类社会发展有关的，能被用来产生使用价值，并影响劳动生产率的自然诸要素，通常被称为自然资源。从中我们不难看出，自然资源具有两重性，它既是人类生存和发展的基础，又是环境的构成要素。

　　自然资源有广义和狭义之分。狭义的自然资源，只包括实物性资源，即在一定社会经济技术条件下，能够产生生态价值或经济价值，从而提高人类当前或可预见未来生存质量的天然物质和自然能量的总和。

广义的自然资源，则包括实物性自然资源和舒适性自然资源的总和。

已经被利用的自然物质和能量称为资源，将来可能被利用的物质和能量称为潜在资源。

按照自然资源的分布和被人类利用时间的长短，自然资源可分为有限资源和无限资源两大类。而有限资源，又可分为可更新资源和不可更新资源。

从自然资源存在的形态上划分，它又包括有形的土地、水体、动植物、矿产等资源和无形的光、热等资源。

▲ 广阔的草原

自然资源仅为相对的动态概念，随着社会生产力水平的提高与科学技术的进步，部分自然条件可转换为自然资源。如随着海水淡化技术的进步，

在干旱地区，部分海水和咸湖水有可能成为淡水的来源。

自然资源，是社会物质财富的源泉，是社会生产过程中不可缺少的物质要素，是人类生存的自然基础。

世界经济发展到今天，人口与资源的矛盾、生产与环境污染及资源浪费的矛盾日益突出。随着经济的不断发展和人口的日益增加，水、能源和矿产资源不足的问题越来越严重，生态环境被破坏及其保护的矛盾越来越激烈。越来越多的国家和组织，开始改变经济发展模式，强调可持续发展，在发展社会经济的同时更加注重生态环境的保护，提倡绿色 GDP，走可持续发展之路。由于资源是有限的，各个国家必须实施可持续发展战略。可持续发展，就是既要考虑当前发展的需要，又要考虑未来发展的需要。其内容包括经济可持续发展、社会可持续发展和生态可持续发展，核心是实现经济社会和人口资源环境的协调发展。

知 识 链 接

绿色 GDP 是谁最先提出来的

　　绿色 GDP 的基本思想是由希克斯在其 1946 年的著作中提出的。绿色 GDP 指的是一个国家或地区在考虑了自然资源与环境因素影响之后经济活动的最终成果。

第二节　自然资源的特点和分类

1. 自然资源的特点

　　我们知道，自然资源具有可用性、整体性、变化性、空间分布不均匀性和区域性等特点，归纳来说有以下几个方面：

　　（1）稀缺性。稀缺性是自然资源固有的特性。因为人类的需要实质上是无限的，而自然资源则是有限的。相对于人类的需要，自然资源在数量上的不足，是人类社会与自然资源关系的核心问题。

　　（2）整体性。通常人类只是利用某种单一资源，甚至单一资源的某一部分。但实际上，各种自然资源之间，是相互联系、相互影响、相互制约而形成的一个整体的复杂系统。如土地资源是气候、地形、生物及水源共同影响下的产物。

▲ 肥沃的土地

（3）地域性。自然资源的形成，服从一定的地域分布规律。因此其空间分布是不均衡的，总是相对集中于某些区域之中，如石油资源就相对集中于波斯湾地区。

（4）社会性。著名的美国地理学家卡尔·苏尔认为，"资源是文化的一个函数"。即自然资源由于附加了人类劳动，而表现出社会性，或多或少都有人类劳动的印记。人类不仅变更了植物和动物的位置，而且也改变了他们所居住地方的地形与气候，甚至还改变了植物和动物本身。

（5）多用性。大部分自然资源，具有多种功能和用途。例如一条河流，对能源部门来说可用作水力发电，对农业部门来说可作为灌溉水源，对交通

部门而言则可能是航运线，而旅游部门又把它当成风景资源。

（6）可变性。自然资源加上人类社会，构成"人类—资源生态系统"，并处于不断的运动和变化之中。这种变动，可表现为正负两个方面。正的方面，如植树造林、修建水电站等，使人类与资源的关系呈现良性循环；负的方面，如滥伐森林、围湖造田，使资源退化衰竭，甚至加大自然灾害的破坏力。

除了以上特点外，各类自然资源，还有各自的特点。如生物资源有可再生性，水资源有可循环和可流动性，土地资源有生产能力和位置的固定性，气候资源有明显的季节性，矿产资源具有不可更新性和隐含性，等等。

■ 2. 自然资源的分类 ■

自然资源的内容，随着时代而变化，随着社会生产力的提高和科学技术的进步而扩展。根据不同的分类条件，自然资源也有不同的分类标准。

（1）根据自然资源的形成条件、组合情况、分布规律等地理特征，可以分为矿产资源（地壳）、气候资源（大气圈）、水资源（水圈）、土地资源（地表）、生物资源（生物圈）五大类。

（2）按自然资料的增值性能，可分为：①可再生资源：这类资源可反复利用，如气候资源、水资源、地热资源；②可更新资源：这类资源可生长繁殖，其更新速度受自身繁殖能力和自然环境条件的制约，如生物资源；③不可再生资源：这类资源形成周期漫长，如矿产资源、土地资源。

（3）最新的分类方法，是英国著名的地理学家哈格特提出的。他将自然资源分为恒定性资源、储存性资源和临界性资源。

①恒定性资源：按人类的时间尺度来看，是无穷无尽，也不会因人类利用而耗竭的资源，包括太阳能、风能、潮汐能、原子能、气候资源和水资源。

②储存性资源：即地壳中有固定储量的矿产资源。由于它们不能在人类历史尺度上，由自然过程再生（如铜）或由于它们再生的速度远远慢于被开采利用的速度（如石油），它们可能被耗竭。

③临界性资源：在正常情况下，可通过自然过程再生的资源。但

如果被利用的速度超过再生速度，它们也可能耗竭，包括土地资源和生物资源。

第三节 自然资源的有限性与无限性

众所周知，自然界中，有很多资源有时是难以用价值来衡量的。比如水、森林等这些具有多种功能的宝贵资源的价值，是无法用金钱来估量的。也就是说，自然资源能为人类提供的效用及其蕴涵的潜力是无限的。

▲ 富饶美丽的江汉平原

自然资源，既是无限的又是有限的。在一定的时期内，一个国家所拥有的自然资源是有限的。我国是一个资源大国，拥有广袤的土地、丰富的矿产、多样的动植物、众多的名山大川等，但又是一个资源贫国，"人多物薄"，人均占有资源量偏低。可见，自

▲　山川

然资源的数量是有限的。有些资源一旦被破坏，就无法再生；有些资源形成周期很长，短期内也是无法再生的，往往失去容易，但要恢复却十分困难，甚至无法恢复，人类要为此付出高昂的代价。

同时，自然资源与经济的发展、经济剩余的获取，也有着密切的内在联系。科学地开发和有效地利用，能大大促进生产的发展和生活质量的提高；但是过度的开采和滥用，不仅制约经济的发展，而且还

会影响人类的生存环境，危及人类的生命健康。所以，自然资源既可以被人利用而造福于人类，又可以因为人类盲目过度使用而惩罚人类，降灾害于人类。大自然是慷慨无私的，但也不是取之不尽、用之不竭的，是需要珍惜和保护的。

因此，人类必须在利用自然、发展经济的同时，珍爱自然、善待自然、保护自然。这是因为：

一是资源的有限性与人类需要的无限性的矛盾，是人类社会最基本的矛盾。资源的有限性、人们需要的无限性及其它们之间的矛盾，是当今世界一个最基本的事实。人类的生存发展，总是需要生活资料，而人们的需要具有多样性和无限性。这是由人的自然属性和社会属性决定的，其表现为各种各样的需要，如生存需要、享受需要、发展需要，或者经济需要、政治需要、精神文化需要等。这些需要形成一个复杂的需求结构，这一结构随着人们生活的社会环境及条件的变化而变化。人们的需要，不断地从低级向高级发展，并不断扩充其规模。

▲ 沼泽

二是资源在不同地区、不同国家、不同社会群体中的分布是不平衡的。结构和分布失衡，导致个体和群体都面对着资源稀缺性的难题。这样，资源的有限性与人类需要的无限性，便形成了永久性的矛盾。为了解决这一永久性的矛盾，自古以来人类世世代代奋斗不息；为了解决这一永久性的矛盾，长久以来人类研究、探索而创立和发展了各门科学。

由于资源是有限的，各个国家必须实施可持续发展的战略。可持续发展，就是既要考虑当前发展的需要，又要考虑未来发展的需要。内容包括经济可持续发展、社会可持续发展和生态可持续发展，其核心是实现经济社会和人口资源环境的协调发展。

第四节　我国自然资源现状

众所周知，我国自然资源丰富多样，得天独厚，总量大都位居世界前列。我国有大约960万平方千米辽阔的疆域和广袤的土地，有遍布成网的江河水体，有丰富齐全的矿藏，有茂密的森林，有广阔的草地，

▲ 湖泊

有约300万平方千米的海域和丰富的海洋资源，有多彩而诱人的景观。这些都是我国人民得以繁衍生息、民族得以文明昌盛的物质基础。但是由于我国人口众多，加上开发历史久远、不合理开发利用和浪费破坏，如土地的乱占滥用、矿藏的乱采滥挖、森林的乱砍滥伐、草地的超载过牧等，所以，造成多种资源日趋减少和贫化，人均占有资源量很低。我国大多数矿产资源人均占有量，不到世界平均水平的一半。我国人均占有的煤、石油、天然气资源，只及世界人均水平的55%、11%和4%。

由于长期沿用以追求增长速度、大量消耗资源为特征的粗放型发展模式，我国在由贫穷落后逐渐走向繁荣富强的同时，自然资源的消耗也在大幅度上升，致使非再生资源呈绝对减少趋势，可再生资源也显示出明显的衰弱态势。

1. 我国资源短缺状况日益突出

（1）土地资源

自然界形成的土地，在人类社会经济的发展中起到了十分重要而独特的作用。土地，一旦与人类联系在一起，便不仅仅是一个纯粹的自然综合体，而是人类生产与生活中不可缺少的自然资源。国以民为本，民以食为天，食以地为根。中国的农业问题或者说粮食问题，实际上就是土地问题。我国人均粮食产量是加拿大的 1/5，人均棉花产量是美国的 1/3，人均肉类是加拿大的 1/4。

我国土地资源的特点是"一多三少"，即总量多，人均耕地占有少，高质量的耕地少，可供开发的后备资源少。虽然我国现有土地面积居世界第 3 位，但人均仅及世界人均的 1/3；耕地面积列世界第 2 位，但人均排在世界第 67 位。在这有限的耕地中，缺乏水源保证、干旱退化、水土流失、污染严重的耕地，占了相当大的比例。后备资源 2 亿亩，其中可开垦成耕地的仅占 1.2 亿亩。考虑到生态保护的要求，耕地后备资源的开发受到严格限制，今

▲ 丰收的稻田

后通过后备资源开发补充耕地的总量十分有限。

种植业，为全国农民直接和间接地提供了 40%~60% 的经济收入和 60%~80% 的生活必需品。在我国，自新中国成立以来人均耕地减少了 53%。在耕地数量不断减少的同时，人口不断增加，人均耕地占有量迅速降低，人地矛盾日益突出。

知识链接

世界上土地资源最少的国家

梵蒂冈是世界上土地资源最少的国家。其国土大致呈三角形，全境被意大利包围，面积仅 0.44 平方千米，是名副其实的"国中之国"。其领土面积大小相当于我国的天安门广场，所有资源全靠进口。

▲ 梵蒂冈

（2）森林资源

据第四次全国森林资源普查，目前我国森林面积和林木蓄积量，分别为 1.34 亿公顷和 101 亿立方米，在世界上排第 6 位；但人均量分别为 0.12 公顷和 9 立方米，仅及世界人均值的 1/6 和 1/8。森林覆盖率虽已达 13.9%，但也仅为世界平均值的一半，在世界上排名 100 位之后。在如此情况下，我国的森林砍伐，却并没有因此而减缓。过量

▲ 茂盛的森林

采伐、乱砍滥伐、毁林开荒等，正日益使我国仅有的森林遭受前所未有的破坏。生态环境的改变，使我国多种以森林为栖息地的动物濒临灭绝，受到威胁的脊柱动物为 433 种，灭绝或可能灭绝的有 10 种。由于成熟林面积锐减，林木蓄积量少，采伐有限，我国木材及其他林产品一直供不应求，市场缺口很大。为满足国内需要，国家每年都要进口一定数量的木材。根据预测，我国木材紧张状况，近期不会缓解，在很长时间内依靠进口木材补充国内需要的被动局面难以改变。

（3）草地资源

我国拥有草场近 4 亿公顷，约占国土面积的 42%；但人均草地只有 0.33 公顷，为世界人均草地 0.64 公顷的 52%。中国草地可

▲ 草场

利用面积比例较低，优良草地面积小，草地品质偏低；天然草地面积大，人工草地比例过小；天然草地面积逐年缩减，质量不断下降。草地载畜量减少，普遍超载过牧，草地"三化"（指草地退化、沙化和盐碱化）不断扩展。中国90%的草地呈现不同程度的退化，其中中度退化以上的草地面积占50%。全国"三化"草地面积已达1.35亿公顷，

▲　丰富的植被

▲ 黄鼠狼

并且以每年200万公顷的速度增加。我国84.4%的草地分布在西部，面积约3.3亿公顷。

（4）生物资源

生物资源，是自然界中的有机组成部分，是自然历史的产物。生物资源，包括各种农作物、林木、牧草、家畜、家禽、水生生物、微生物和各种野生动物以及由它们组成的各种群体（种群、群落、生态系统）。生物资源，是指地球上对人类具有现实或潜在价值的基因、物种和生态系统的总称。按照生物的自然属性，可将生物资源分为植物资源、动物资源和微生物资源三类。

我国疆域辽阔，生态环境复杂多样，蕴藏着极为丰富的物种资源，物种的多样性居世界第8位。其中，我国现有种子植物2.57万余种，蕨类植物2400余种，苔藓植物2100

▲ 成群结伴的鲤鱼

余种；合计约有高等植物 3 万余种，占全世界近 30 万种高等植物的 1/10，仅次于巴西和印度尼西亚，居世界第 3 位。陆栖动物仅鸟、兽两栖，爬行类有 2290 种，约占世界总数的 10%。中国海洋生物有 3000 多种，其中鱼类有 1694 种。浅海及滩涂的生物资源总数超过 2500 种，重要养殖资源有 238 种。

我国生物资源具有如下的特征：

①资源总量大，但质量普遍较低

我国的生物资源中，与生产、生活关系较密切的森林、草场和水产资源，存在着资源总量大但资源质量较低的现象。

②资源结构不尽协调

据林业部全国森林资源统计，在我国现有森林中，用材林比重过大。

▲ 物种丰富的东北平原

③生物生产力年际变化大，季节性明显

生物生产力随着水热条件变化而变化，年内表现出季节性，年际之间表现为丰歉年，这在草地资源上表现得最为明显。

④区域分布不平衡

生物的生长，受光、热、水、土、气等自然环境诸要素的制约，其分布具有明显的区域性。我国森林资源集中在华北、西北和南方山区，其面积、蓄积量与用材等，均占全国80%以上；而广大的华北、西北地区，由于环境条件和人类活动的影响，是我国少林地区。

（5）淡水资源

淡水资源储备，是指储存于地表和地下的可利用水量，也就是所谓的可更新水资源量。据有关部门计算，我国水资源总量每年达2.8

▲ 乾坤湾

万亿立方米。

我国水资源分布存在的问题是：①水资源量分布不均，南多北少，长江及其以南地区水资源约占 4/5，广大北方地区只占有水资源总量的 1/5。②我国的降水受季风影响，冬少夏多，夏季降雨占全年降水量的 60%~80%，并且多水年和少水年连续出现，因此水量的季节和年际变化大。随着国民经济迅速发展和人民生活水平的提高，淡水资源日益不足，特别是北方地区缺水问题日趋严重，它必将影响到国民经济的发展。

（6）海洋资源

整个地球表面积的 71%，是约 3.6 亿平方千米的浩瀚海洋，其中蕴涵着丰富的资源。海洋是人类获取食物、药物及生活用品等物资的重要来源。随着人类文明的不断发展和科学技术的创新，陆地环境的不断恶化，陆生资源日益匮乏，人们将研究和发展的重心从陆地移向海洋。海洋，是人类可持续发展的宝贵财富，它巨大的开发潜力是人类解决人口剧增、环境恶化及能源短缺问题的希望。

▲ 海洋捕鱼

我国是海洋大国，漫长的海岸线长达 1.8 万多千米，加上岛屿岸线，则达 3.2 万多千米。大陆沿岸的海域面积辽阔，自然条件优越，海洋资源十分丰富。我国海洋资源中，不仅生物资源繁多，还有大量的矿产资源、动力资

▲ 物种丰富的海底世界

源和海水资源。我国近海石油储量，据估计可达 5 万亿 ~15 万亿千克，其他海洋资源的总蕴藏量约有 9 亿千瓦，沿岸砂矿中含有锆英石等多种价值极高的原料。海水中还含有盐、溴、钾、钠、镁等多种化学资源。

海洋生物资源是可再生资源，其种类繁多，蕴涵着地球上 80%以上的生物资源。与陆地生物比较，海洋生物往往具有独特的化学结构及多种生理活性物质。我国是东亚地区重要的海洋石油国，在渤海、南黄海、东海、北部湾等六个大型油气盆都打出了高产井。我国滨海砂矿中含有多种原料。

我国海洋资源开发起步较晚，开发能力较低。目前我国海洋产值，仅占国内生产总值的 2%左右，低于发达国家 5%的水平。海上矿产资源开发、能源开发尚处在起步阶段，难以从根本上缓解我国现阶段

资源短缺的状况。

（7）矿产资源

我国矿产资源虽然总量丰富，但人均占有量不足，仅为世界人均水平的58%。同时存在三个突出问题：一是支柱性矿产（如石油、天然气、富铁矿等）后备储量不足，而储量较多的是部分用量不大的矿产（如钨、锡、钼等）；二是小矿床多、大型特大型矿床少，支柱性矿产贫矿和难选冶矿多、富矿少，开采利用难度很大；三是资源分布与生产力布局不匹配。

▲ 炼钢的钢水

（8）能源资源

我国的能源资源中，属于不可更新资源的主要有煤、石油和天然气等。总的来看，这些资源还是比较丰富的，但人均占有量不多。尤其是石油资源更显得不足，供求关系紧张，满足迅速发展的国民经济需求有一定困难。煤炭、石油、天然气这些一次性能源，目前是我国

▲ 石油开采

最现实的能源。我国能源探明储量中，煤炭占94%，石油占5.4%，天然气占0.6%。这种富煤、贫油、少气的能源资源特点，决定了我国能源生产以煤为主的格局长期不会改变。

我国煤炭资源十分丰富，储量很大，可以满足国家长期需要。据统计，全国已累计探明储量15663亿吨，煤炭资源潜力很大。

煤炭资源存在的主要问题有：①资源地区分布不均，已探明的资源量89%集中在北方，因此，我国北煤南运情况不会改变；②勘探程度不高，已探明储量中还有45%以上的储量需要进一步精查，方可建井开发。

我国的石油资源储量比较丰富。根据最新资料预测，我国石油资源量在 1000 亿吨左右。目前，已累计探明储量 360 多亿吨，剩余可采资源量还有 200 多亿吨。按年产 2 亿吨水平计算，如果不增加新的探明储量，这些储量的可采期仅有 100 年。

我国天然气资源丰富。据勘探，我国天然气远景储量在 68 万亿立方米左右，说明潜力很大。这也表明我国天然气勘探程度低，还未把潜在资源变为探明储量。

我国具有丰富的可再生能源，发展前景广阔。其中小水电可开发量约为 1.25 亿千瓦；陆地和海上可开发利用的风能，约为 10 亿千瓦；陆地表面每年接收的太阳辐射能，相当于 1700 亿吨标准煤；生物质能，包括农作物秸秆年产量，超过 6 亿吨，约合 3 亿吨标准煤；森林和林业剩余物，相当于 2 亿吨标准煤。

知 识 链 接

世界上最大的煤矿

塔温陶勒盖煤矿是目前已探明的世界上最大的煤矿。该煤矿位于蒙古国南部，距离中国边界 250 千米。其煤炭储量预计为 50 亿~60 亿吨，价值超过 3000 亿美元。

（9）气候资源

气候资源，是指大气圈中的光、热、水、风能和空气中的氧、氮以及负离子等，可以通过开发利用，为人类形成使用价值的气候条件，主要由光照、热量（温度）、降水、风力等组成。它是自然资源的重要组成部分，属于可再生资源，是人类赖以生存和发展的基本条件。它是一种可再生资源型、清洁型资源，但其价值只有在使用中才能得以呈现。气候资源还具有普遍存在性，但其在地理分布、丰富程度和结构上有很大的差异，而且气候资源的季节变化和年际差异很大。

我国陆地每年接受太阳辐射能，相当于2.4万亿吨标准煤；但由于地理纬度、海拔高度、地形和天气状况的影响，太阳能资源分布差异较大。从20世纪70年代至今，我国在太阳能利用方面有很大发展，但仍处于试验阶段。目前我国使用最多的是太阳能热水器，另外还有

▲ 风能利用

▲ 珍贵的水资源

太阳能干燥器、被动太阳房、太阳能航标灯等。

我国年降水量分布从东南向西北内陆递减。年降水量最多的地区是台湾、海南、广东中部和北部湾西北部，超过 2000 毫米；年降水量最少的地区为柴达木盆地、塔里木盆地，少于 50 毫米。除了地域上的不均匀分布，降水在时间上也呈现出明显的季节性。在水资源丰富区，雨季 4~5 个月，降水量约占全年的 60%~70%，有的地区甚至高达 80% 以上。我国西北干旱区严重缺水，除了制约经济发展外，还会加快当地的荒漠化进程，对整个国家的生态、环境都将造成严重影响。即使在水资源丰富的西南地区，也存在局部性的水资源贫乏。天空水资源是可为人们所利用的另一部分水量。人工增雨是目前人们主动利用天空水资源的重要方式。人工降雨已有 50 多年的历史，现已发展为一项比较成熟的技术，常被视为缓解旱情的办法之一，对农业生产起到了重要作用。

我国风力资源的总储量为每年 16 亿千瓦，具有很大的开发利用价值。我国的风力发电与国际上发达的工业国家，甚至与一些发展中国家相比，还有相当大的差距，具有非常巨大的开发潜力。

▲ 干旱的庄稼地

■ 2. 资源开发利用粗放，资源形势严峻 ■

土地利用方面，城市土地利用效率较低。近年来，城市用地增长率远远高于城市非农业人口增长率。开发建设中盲目批地、土地征而未用现象严重，造成土地大量闲置。农村土地使用，也存在人均用地远远超过国家规定标准等许多问题。

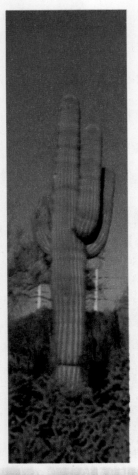

从能源利用效率来看，我国仍然处于粗放型增长阶段。如生产能耗高，2003 年我国煤炭消耗量已占世界煤炭消耗总量的 30%，但创造的 GDP 不到世界总产值的 4%。

矿产资源开发破坏严重，地方性开采比比皆是，浪费惊人。我国钢铁、水泥等主要原材料的物耗，比发达国家高 5~10 倍。随着人口的增长，人均占有量的下滑，这种矛盾更为突出。

中国的水资源在农业灌溉用水利用系数上为 0.4，仅是国外先进水平的一半；工业万元产值用水量为 100 立方米，是国外先进水平的 10 倍。

我们仍未摆脱传统的高投入、高消耗、高污染、低效益的发展模式。一面是资源匮乏，一面是资源利用效率极低。在人均资源相对短缺的条件下建设小康社会，我们必须走资源节约型的道路。

总之，一方面，从资源的人均占有量来说，我国是一个资源相对贫乏的国家；另一方面，我国资源的生产力和资源效益低，我国中低产农田比重大，多种矿产资源品位和回采率低，草地产畜量少，水资源南丰北缺。所以，随着我国社会主义现代化建设事业的发展和人口的增长，经济发展与人口、资源的矛盾越来越尖锐。根据这样的国情，需要切实加强对资源的统筹规划、合理开发、节约利用和有效保护，把合理开发利用和保护资源作为我国社会经济发展的一项重大战略决策。

知 识 链 接

我国的资源危机

中国对国外资源的依存度日益提高。2015 年，石油对外依存度达 60.69%，天燃气 31.89%，煤炭 4.9%。据专家预测，未来，中国大部分的重要资源都要依赖进口。

第五节 自然资源的保护和规划

　　自然资源和生态环境，是人类赖以生存和发展的基本条件。在长期的社会实践中，人类认识到，保护好自然资源和生态环境，保护好生物多样性，对人类的生存和发展具有极为重要的意义。保护自然资源和生态环境的一项重要措施是建立自然保护区，自然保护区的建设已成为衡量一个国家进步和文明的标准之一。通过保护有典型意义的生态系统、自然环境、地质遗迹和珍稀濒危物种，以维持生物的多样性，保证生物资源的持续利用和自然生态的良性循环，这对有13亿人口、农业在国民经济中占重要基础地位的中国来说，显得尤为重要。

▲ 雪山融水

　　我们知道，所谓的自然资源保护规划，是指在对自然资源进行调查、分析、评价的基础上，对自然资源的保护、增殖（可更新能源）、开发利用等作出的全面安排。从本质上讲，这是对人与自然（资源）相互关系的调整。自然资源，是人类生产和生活活动必不可少的物质基础和进一步发展的约束条件，因此，必须在各个环节上和从各种角度上对自然资源进行保护。自然资源保护规划，依具体的保护对象类型的不同而不同，如：对可更新资源的保护，重点应放在调整其再生（增殖或更新）速率与开发利用速率之间的相对关系上；而对不可更新资源来说，关键是要有计划地适度开发和利用，决不可竭泽而渔。

1. 如何保护自然资源

中国经济发展到今天，人口多与资源少的矛盾、生产扩大与环境污染及资源浪费的矛盾日益突出。随着经济不断发展和人口不断增加，水、能源和矿产等资源不足的问题越来越严重，生态环境破坏和保护的矛盾也越来越激烈。面对中国经济前景和社会的未来，中国的自然资源供应能够维持多久？人们赖以生存的生态环境能够维持多长时间？

为了中国经济的发展尽早走上"循环经济"和"可持续发展"道路；为了中国社会发展的美好未来，有关专家学者

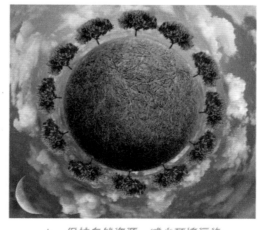

▲ 保护自然资源，减少环境污染

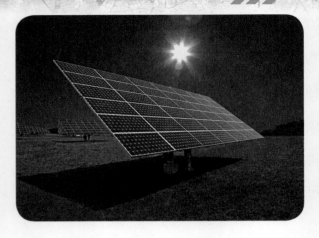

提出倡议：保护自然资源，减少环境污染，反对过度消费。从自己做起，从日常生活做起，减少和拒绝一切浪费资源和污染环境的消费行为。

总之，我们应共同行动起来，从我做起，从现在做起，从一点一滴做起，保护自然资源，减少环境污染，反对过度消费。

人类为了生存所进行的资源及能源的开发和利用，是完全必要的；但是所有开发和利用，都应当从整个自然界，尤其是从地球环境的生态系统，即所谓生物圈的平衡状况，加以全面地和科学地考虑，必须在保护自然环境、维持生态多样性的基础上达到人和自然之间的协调。

当前，不但要加强和扩大那些具有原始性状，即受人类影响较少的生态系统，通过人为的保护和再建，使其维持原始的自然面貌，保持生态系统内部各要素的平衡，而且要重视人类在认识化学物质毒性问题上所取得的宝贵经验。对于各种化学物质，从生产到废弃的整个过程，都要考虑防止污染环境的安全措施，更应当寻求无污染的生产方法，制取无毒性的化学产品。显然，这是给化学工作者提出的一个更高、更难的任务。

我国宪法第二十六条已经明确指出："国家保护和改善生活环境，防治污染和其他公害。国家组织和鼓励植树造林，保护林木。"在党和国家的重视和领导下，我们要大力宣传和普及环保知识，为创造一个无污染、无公害、生态平衡的优美环境而共同努力。

▲　未受到保护的林木

知 识 链 接

什么是循环经济

循环经济即物质闭环流动型经济，是指在人、自然资源和科学技术的大系统内，在资源投入、企业生产、产品消费及其废弃的全过程中，把传统的依赖资源消耗的线型增长的经济，转变为依靠生态型资源循环来发展的经济。

2. 自然资源的保护与可持续利用

自然资源，是人类社会赖以生存和发展的物质基础。随着世界人口的增长和工农业生产的日益现代化，人类对资源的需求量在不断增加。特别是20世纪50年代以来，随着科学技术的突飞猛进，人类对资源的开发利用，也达到了一个新的阶段。但对自然资源的无节制开发，也导致了某些资源的短缺和环境的恶化。这种状况已经引起了世

▲ 自然保护区

界各国的普遍重视。1992年，联合国"环发大会"把可持续发展战略列为全球发展战略。我国据此编制了《中国21世纪议程》，并成为制定《国民经济与社会发展"九五"计划和2010年远景目标纲要》的指导方针。

（1）自然资源保护与利用中存在的主要问题

环境问题自古就有，已经有上千年的历史。无论国外还是在古老的中国，自古以来都有环境问题的记载。但是，生态环境问题成为全球性的问题还是20世纪五六十年代才提出来的。由于生产的飞速发展，人口急剧增加，科学技术突飞猛进，人类对环境作用的能力和规模不断扩大，环境污染和生态破坏也不断扩大，生态环境问题开始成

▲ 植树造林，保护生态环境

为一个普遍的社会问题。由于工农业生产中，产品结构不合理、经营管理不善、技术工艺比较落后、对自然资源利用不高，对大多数能源和资源没有环境保护措施，只注重产值的增长，忽视环境保护和资源保护，以牺牲环境和资源为代价来获得经济的繁荣，因而加剧了生态环境的恶化。

尽管通过建设和保护，我们的环境得到了明显改善，但是我们的环境条件仍然存在许多问题，环境现状非常严峻，石化、沙漠化、荒漠化等在加重扩大，水土流失状况仍十分严重，环境污染仍触目惊心。

（2）自然资源保护与可持续利用的对策

可以说，我国自然资源可持续战略的形成和发展，经历了一个相对漫长的历程。1992年，我国政府向联合国环境与发展大会提交了《中华人民共和国环境与发展报告》，并制定了"中国环境与发展十大对策"，提出走可持续发展道路是中国当代以及未来的选择。1994 年，中国政府制定完成并批准通过了《中国 21 世纪议程——中国 21 世纪人口、环境与发展白皮书》，确立了中国 21 世纪可持续发展的总体战略框架和各个领域的主要目标，把可持续发展作为一条重要的指导方针和战略目标，明确提出了可持续发展战略的重大决策。与此同时，我国加强了可持续发展有关法律法规体系的建设及管理体系的建设工作，制定了人口、资源、环境、灾害方面的行政规章 100 余部。全国人大常委会专门成立了环境与资源保护委员会，在法律起草、监督实施等方面发挥了重要作用。

具体来说，我国自然资源保护与可持续利用的对策主要体现在以下三个方面。

首先，节约资源。

我国"十一五"规划明确提出，把节约资源作为基本国策，发展循环经济，保护生态环境，加快建设资源节约型、环境友好型社会，促进经济发展与人口、资源、环境相协调。

▲ 节水广告

我国的基本国策是节约资源，主要是由于以下三个原因。

①转变经济增长方式的迫切需要，是把节约资源作为基本国策。总体上看，我国经济的增长方式依然是粗放型的，经济增长在很大程度上仍然是依靠资源的高投入来实现，资源消耗高、浪费大，污染严重。目前我国单位国内生产总值能源、原材料和水资源消耗，大大高于世界先进水平。我国生态环境目前虽然局部有所改善，但总体恶化的趋势尚未根本扭转，主要污染物排放总量大大超过环境容量，生态系统功能退化，给经济社会发展和人民群众健康带来严重危害。

②从我国人多资源少的基本国情出发。目前我国重要资源短缺，已对经济发展构成严重制约，人均占有的淡水资源、耕地面积、森林面积分别为世界平均水平的1/4、2/5 和 1/5，石油、天然气、铁矿石、铜和铝土矿等重要矿产资源人均储量，分别为世界人均水平的11%、4.5%、42%、18%和 7.3%。

③实现可持续发展的本质要求，是把节约资源作为基本国策。加快推进现代化进程，其根本出发点和落脚点，就是

▲ 节约能源，减少大气污染

要坚持以人为本,不断提高人民群众的生活水平和生活质量,不仅要满足当代人的需要,而且要满足子孙后代发展的需要。

其次,节能减排。

节能减排,指的是减少能源浪费和降低废气排放。"十一五"规划纲要提出,"十一五"期间,单位国内生产总值能耗降低20%左右,主要污染物排放总量减少10%。这是贯彻落实科学发展观、构建社会主义和谐社会的重大举措;是建设资源节约型、环境友好型社会的必然选择;是推进经济结构调整,转变增长方式的必由之路;是维护中华民族长远利益的必然要求。

我国经济快速增长,各项建设取得了巨大成就,但也付出了巨大的资源和环境代价。经济发展与资源环境的矛盾日趋尖锐,群众对环境污染问题反应强烈。这种状况,与经济结构不合理、增长方式粗放

▲　将风转化为可用的资源

▲ 植树造林，防止土地沙化

直接相关。只有坚持节约发展、清洁发展、安全发展，才能实现经济又好又快的发展。同时，温室气体排放引起全球气候变暖，备受国际社会广泛关注。进一步加强节能减排工作，也是应对全球气候变化的迫切需要，是我们应该承担的责任。

当前，实现节能减排目标，面临的形势十分严峻。全国上下加强了节能减排工作，国务院发布了加强节能工作的决定，制定了促进节能减排的一系列政策措施，各地区、各部门相继作出了工作部署，节能减排工作取得了积极进展。

保护是为了利用稳定的资源和环境，这是实现可持续发展战略目标的重要基础。因此，我们要开展对现行政策和法规的全面评价，制

定和完善自然资源保护与可持续利用的政策和法律体系。通过法律约束、政策引导和调控，促进对自然资源的保护与合理利用；改革体制，建立健全自然资源保护与可持续利用的综合决策机制和协调一致的运行管理机制；调整现有政策部门的职能，加强部门间的广泛协商与合作，以保证资源可持续发展战略目标的实现。此外，还要加快科技进步，提高自然资源保护与可持续利用的能力。积极开展自然资源合理开发、综合利用等方面的研究，提高资源和能源利用率；推广清洁技术和清洁生产，发展环保产业；开发利用信息资源，建立全国社会经济与资源环境信息系统；建立技术、资源、劳动优化组合的节约型、集约化经营方式和生产体系。

最后，发展循环经济。

众所周知，建设资源节约型社会，与发展循环经济是密不可

分的。建设资源节约型社会，要求我们用循环经济理念和模式，优化经济增长方式，而发展循环经济则是建立资源节约型和环境友好型社会的重要内容。

第六节 自然资源的开发利用与保护

1. 海洋资源的可持续开发与保护

海洋资源是指赋存于海洋环境中，可以被人类利用的物质和能量以及与海洋开发有关的海洋空间。海洋资源按其属性，可分为海洋生物资源、海底矿产资源、海水资源、海洋能资源与海洋空间资源。根据《联合国海洋公约》规定，中国享有主权和管辖权的内海、领海、大陆架和专属经济区的面积广阔，海底资源极其丰富，海洋生物资源种类繁多，在两万种以上。此外，还有丰

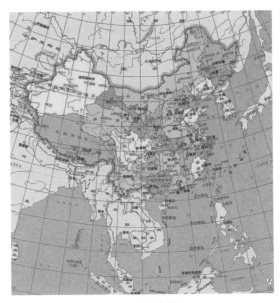

▲ 中国海域

▲ 海洋渔业

富的海水资源和海洋能资源。据初步估计，中国海洋资源的总蕴藏量，约为 4.31 亿千瓦。大洋生物资源和矿产资源，是人类共同的财富，中国也有养护和利用的权利与义务。

中国海洋资源开发利用行业，主要有海洋渔业、海洋交通运输业、海盐和盐化工业、海洋油气业、滨海旅游业、滨海砂矿以及海水直接利用等。在海洋资源管理与保护方面，我国已初步建立了海洋资源管理与保护机制以及相应的法规，对一些污染较为严重的局部海域实施了污染控制和治理措施。迄今为止，国务院已经陆续批准了 13 处国家级海洋自然保护区。总体上说，海洋资源的开发利用与保护，现在已有了一定的工作基础。

中国海域生态环境趋于恶化，海洋生物资源丰度锐减。当前，海洋渔业面临的主要问题是：渔猎过度，传统渔业资源衰退。造成这种情况的主要原因是缺乏规划管理、捕捞力失控以及海洋环境污染加剧。

由于中国海洋渔业资源的开发有着非常复杂的社会、经济原因，要实现渔业资源的可持续利用和渔业生产的可持续发展，是一个长期的、渐进的过程，但必须从现在开始行动。

陆源污染物和海上污染物的直接排放，已使中国沿岸海域受到了不同程度的污染，尤其是海域的有机污染加剧。三氮和活性磷酸盐等营养盐，已成为我国近海的第一污染物。近海海域的富营养化比较突出，赤潮发生频率上升。近海局部海域的污染，不合理的滩涂开发和围海造田，已影响到海洋生物的栖息和繁衍，严重地区已出现渔业资源锐减、优质品种减少和滩涂养殖场荒废等现象，直接危害海岸带自然生态系统和居民的生活环境。

强化海洋生物资源管理，在海洋渔业资源可持续利用方面，通过合理捕捞，重点开发海水养殖，推动海洋渔业发展。实现渔业资源开发与保护的良性循环，使海洋渔业产量继续稳步增长，向优质、高效、低消耗型渔业发展，最终实现海洋渔业资源的可持续利用和保护。

建立大海洋生态系统监测与保护体系和环境预报服务体系。严格控制陆源污染物和海上污染

物的排放，防止、减少和控制海洋生态环境的退化和长期的不利影响，维持海洋生态平衡和海洋资源永续利用。建立布局合理的自然保护区网，并加入国际海洋自然保护区网络。

在维持海洋生物多样性的同时，提高沿海居民生活水平。海岸带与岛屿的开发，应使其具备应付各种恶劣海洋环境的持续能力，同时又能使其对海洋和沿海资源的不利影响减至最小，从而实现海岸带与岛屿经济的可持续发展。开展大洋、极地资源调查研究，开发利用和保护大洋资源。

知 识 链 接

我国什么时候开始建立海洋自然保护区

我国的海洋保护区建设，最早可追溯到1963年在渤海海域划定的蛇岛自然保护区。1990年，经国务院批准又建立了昌黎黄金海岸、山口红树林生态、大洲岛海洋生态、三亚珊瑚礁以及南麂列岛等五处海洋自然保护区，对海洋生物进行了有效的保护。

2. 矿产资源的合理开发利用与保护

众所周知，矿产资源是不可再生的自然资源，必须倍加珍惜，合理配置，高效益地开发利用。我国矿产资源总量丰富，但人均占有量不到世界平均水平的一半。当前，经济建设中 95％的能源和 80％的工业原料，依赖矿产资源供给。我国矿产资源已探明的储量明显不足，进入 21 世纪后，保证经济可持续发展的矿产资源将更加严重不足。与此同时，中国矿产开发存在不少问题，资源综合开发、综合利用水平不高，从而加剧了矿产资源的供需矛盾。这反映了开源和节流两方面的工作，均需要加强。因此必须在加强矿产地质勘查工作、增加矿产资源探明储量的同时，把"保护矿产资源，节约、合理利用资源"的基本国策真正落实，并长期坚持下去。要使公众了解合理开发利用矿产资源对经济、社会协调发展的重要性。

不合理开采矿产资源，不仅会造成矿产资源的损失和浪费，而且极易导致生态

▲ 海上的石油开采

环境的破坏。因此，有效地抑制矿产资源的不合理开发，减少矿产资源开采中的环境代价，已成为我国矿产资源开发利用中的紧迫任务。

矿产资源的保护和可持续利用的总体目标是：在继续合理开发利用国内矿产资源的同时，适当利用国外资源，提高资源的优化配置和合理开发利用资源水平，最大限度保证国民经济建设对矿产资源的需要，努力减少矿产资源开发所造成的环境代价，全面提高资源效益、环境效益、经济效益和社会效益。

3. 草地资源的开发利用与保护

我们知道，中国可利用的草地面积有 3.10 亿公顷，其中人工草地有 10.53 万公顷。草地资源是中国陆地上面积最大的生态系统，对发展畜牧业、保护生物多样性、保持水土和维护生态平衡，都有着重大的作用和价值。中国的草地，按照地区大致可分为东北草原区，内蒙古、

▲ 丘陵地带

宁、甘草原地区，新疆草原地区，青藏草原地区和南方草山五个区。

中国草地资源的分布和利用开发，具有下列特点：面积大、分布广和类型多样，是节粮型畜牧业资源，一些草地地区还适宜综合开发和多种经营；大部分牧区草原和草山地区，都居住着少数民族，其中相当一部分是老区和贫困地区；草原和草山地区，大多是黄河、长江、淮河等水系的源头区和中上游区，具有生态屏障的功能；目前，草地资源平均利用面积小于 50%，在牧区草原中约有 2700 万公顷缺水草原和夏季未合理利用牧场。

长期以来，我国对草地资源采取自然粗放经营的方式，重利用、轻建设，重开发、轻管理，草地资源面临严重的危机。目前，草地牧业基本上处于原始自然放牧利用阶段，草地资源的综合优势和潜在生产力未能有效发挥，牧区草原生产率仅为发达国家（如美国、澳大利亚等）的 5%~10%。

因此，应加强《中华人民共和国草原法》配套的法规建设和机构建设，加强草原建设，治理退化草场；利用洼地储积降水和地表径流，灌溉附近草场。有条件的，可以实行松翻补播，提高产草量。大力发展人工牧草，适宜地区实行草田轮作。建立永久的草原生态监测网，为草原建设和管理提供科学依据。

总之，人类与自然之间的关系，必须是一种平衡的关系。然而不幸的是，人类已把其自身与自然的有限能力，置于一种危险的不平衡的境地。许多自然资源已经耗用到枯竭的程度。此外，自然对废物的同化能力，实质上已经受到损害，造成环境上的告急。事实上，人类已对自身的生态造成威胁。因此，保护自然和自然资源，已成为当前人类面临的头等大事。世界自然基金会认为，促进和实施对自然资源的可持续利用，应视为当今世界保护自然的一项主要措施。

第七节 自然保护区及其作用

所谓自然保护区，就是国家进行特殊保护、具有特殊意义的自然景观地域，比如丰富的物种资源和稀有动植物分布区、非常重要的风景区、名川大江的水源涵养区、具有典型意义的地质表面和自然遗迹以及一些人类还没有认识的、在探索自然中存在着特殊意义的自然区域等。

▲ 鄱阳湖保护区

自然保护区，是国家为了保护珍贵和濒危动、植物以及各种典型的生态系统，保护珍贵的地质剖面，为进行自然保护教育、科研和宣传活动提供场所，并在指定的区域内开

▲ 国家级自然保护区的大丰麋鹿

展旅游和生产活动，设定的特殊区域的总称。保护对象，还包括有特殊意义的文化遗迹等自然保护地等。自然保护区，保留了非常完整的、没有受过污染的生态系统，为人类保留了自然环境的"本质"，用来衡量人类活动对自然环境影响的好坏，改变开发方式。自然保护区，就是生物物种的"贮存库"，保留和挽救了大量濒危动植物，也为人类发展提供了十分丰富的物质来源。自然保护区，更是进行自然保护和研究的"天然实验室"，为研究生态系统和环境变化的规律以及稀有特种动物的生殖驯化，提供了十分有利的条件。自然保护区，是向人类进行自然保护教育的"活的自然博物馆"。某些自然保护区，还为人类旅游提供了相应的条件。

因此，我们说，自然保护区是一个泛称。实际上，由于建立的目的、要求和本身所具备的条件不同，自然保护区有多种类型。按照保护的主要对象来划分，自然保护区可以分为生态系统类型保护区、生物物

种保护区和自然遗迹保护区三类；按照保护区的性质来划分，自然保护区可以分为科研保护区、国家公园（即风景名胜区）、管理区和资源管理保护区四类。不管保护区的类型如何，其总体要求是以保护为主，在不影响保护的前提下，把科学研究、教育、生产和旅游等活动有机地结合起来，使它的生态、社会和经济效益都得到充分展示。

1872 年，经美国政府批准建立的第一个国家公园——黄石公园，可看作是世界上最早的自然保护区。从 20 世纪 20 年代以来，由于自然资源严重损坏和环境污染十分严重，自然保护区作为保存自然生态和能够使野生动植物免于灭亡的主要手段之一，得到了迅速的发展。特别是第二次世界大战后，在世界范围内成立了许多国际机构，从事自然保护区的宣传、协调和科研等工作，如"国际自然及自然资源保

护联盟"、联合国教科文组织的"人与生物圈计划"等。目前全世界自然保护区的数量和面积不断增加，并成为一个国家文明与进步的象征之一。美、日、英、德等国家自然保护区的面积，已经占陆地国土面积的10%以上。中国已经成功地建立自然保护区2700多个，面积占陆地国土面积的14.83%。

知识链接

黄石公园

　　"黄石公园"是"黄石国家公园"的简称。这是世界第一座国家公园，原本是印第安人的圣地。它广博的天然森林中有世界上最大的间歇泉集中地带，全球一半以上的间歇泉都在这里。黄石公园以熊为其象征。园内约有200多只黑熊，100多只灰熊。

▲ 黄石公园美人泉

■ 1. 中国的自然保护区 ■

　　1956 年，我国建立了第一个具有现代意义的自然保护区——鼎湖山自然保护区。到 20 世纪 90 年代，我国已建成保护区 700 多处，其中国家级自然保护区 80 多处。目前，我国自然保护区数量已达到 2740 个（不含港澳台地区），总面积 147 万平方公里，约占我国陆地领土面积的 14.83%。

　　根据纲要，2017 年底前，京津冀区域、长江经济带沿线各省（区、市）划定生态保护红线；2018 年底前，各省（区、市）全面划定生态保护红线；这样我国初步形成类型比较齐全、布局比较合理、功能比较健

全的全国自然保护区网络。

我国自然保护区体系的特点是：面积小的保护区多，超过 10 万公顷的保护区不到 50 个；保护区管理多元化；多数保护区管理级别低，县市级保护区数量占 46%，面积占 50.3%。

▲ 南海子湿地自然保护区

按保护对象和目的，可分为六种类型：

（1）以保护完整的综合自然生态系统为目的的自然保护区。例如，有以保护温带山地生态系统及自然景观为主的长白山自然保护区，以保护亚热带生态系统为主的武夷山自然保护区和保护热带自然生态系统的云南西双版纳自然保护区等。

（2）以保护某些珍贵动物资源为主的自然保护区。如四川卧龙和王朗等自然保护区以保护大熊猫为主；黑龙江扎龙和吉林向海等自然保护区，以保护丹顶鹤为主；四川铁布自然保护区，以保护梅花鹿为主；等等。

（3）以保护珍稀孑遗植物及特有植被类型为目的的自然保护区。如广西花坪自然保护区，以保护银杉和亚热带常绿阔叶林为主；黑龙江丰林自然保护区及凉水自然保护区，以保护红松林为主；福建万木林自然保护区，则主要保护亚热带常绿阔叶林；等等。

（4）以保护自然风景为主的自然保护区和国家公园，如四川九寨沟、缙云山自然保护区、江西庐山自然保护区、我国台湾地区的玉山国家公园等。

▲ 神农架金丝猴

（5）以保护特有的地质剖面及特殊地貌类型为主的自然保护区。例如，有以保护近期火山遗迹和自然景观为主的黑龙江五大连池自然保护区，保护珍贵地质剖面的天津蓟县地质剖面自然保护区，保护重要化石产地的山东临朐山旺万卷生物化石保护区等。

▲ 扬子鳄

（6）以保护沿海自然环境及自然资源为主要目的的自然保护区。主要有我国台湾地区的淡水河口保护区，兰阳、苏花海岸等沿海保护区；海南省的东寨港保护区和清澜港保护区（保护海涂上特有的红树林）等。

由于建立了一系列的自然保护区，中国的大熊猫、金丝猴、坡鹿、扬子鳄等一些珍贵野生动物已得到初步保护，有些种群并得以逐步发展。如安徽的扬子鳄保护区繁殖研究中心，在研究扬子鳄的野外习性、人工饲养和人工孵化等方面，取得了突破，使人工繁殖扬子鳄几年内发展到 1600 多只。又如，曾经一度从故乡流失的珍奇动物麋鹿，已重返故土，并在江苏大丰县和北京南苑等地建立了保护区，以便得到驯养和繁殖。现在大丰县麋鹿保护区拥有的麋鹿群体，居世界第三位。此外，在西双版纳自然保护区的原始林中，发现了原始的喜树林。有些珍稀树种和植物，在不同的自然保护区中，已得到繁殖和推广。

■ 2. 自然保护区的作用 ■

具体地说，自然保护区的作用有以下 10 个方面。

（1）保护自然环境与自然资源作用。保护自然环境与自然资源，是自然保护区的最大作用。为了获得最佳的生态效益，首先必须将自然保护区内的自然资源和自然环境保护好。使各种典型的生态系统和生物物种，在人工保护下，正常地生存、繁衍与协调发展；使各种有科学价值和历史

▲ 黑龙江扎龙丹顶鹤自然保护区

意义的自然历史遗迹和各种有益于人类的自然景观，在人工的保护下保持本来面目。

（2）科学研究作用。科学研究，对自然保护区的建设和发展有着极其重要的作用。怎样做到对自然资源的有效保护，怎样合理地开发利用，这一切都需要通过科学研究来解决。所以，科学研究是自然保护区工作的灵魂，既是基础性工作，又是开拓性工作，是实现对自然资源有效保护与合理开发利用的关键。

（3）宣传教育作用。宣传与教育，是自然保护区所发挥的又一个重要作用。中国大多数自然保护区建在经济和文化落后的山区。当地群众的切身利益需要照顾，群众的生产生活需要得到保证，群众传统的生活习惯要受到尊重，但这些在自然保护区建立后，要受到有关规定的约束和逐步调整。要处理好这一切，都需要对群众进行深入细致的思想政治工作。需要采取简明、生动、灵活多样的方式向广大群众进行宣传，让群众逐步懂得建设自然保护区的意义和保护自然给他们带来的好处，把保护自然资源和自然环境变成广大群众的自觉行动。

▲ 七星河国家级自然保护区

（4）培养繁育作用。

众所周知，人类社会中所见到的园林花卉和家畜、家禽都是由自然界野生物种中培养和驯化选育而来的。随着科学的发展，对某些珍稀动物或植物进行科学的培养和繁育，使之为人类提供新的、更多的优质品种，也是自然保护区开展的一项实验活动。

（5）生态演替和环境监测作用。在自然条件下，生态系统是按照自然界的规律来进行其发展、延续和变化的。但在受到外界自然因素和人为因素的严重干扰后，将会出现自然演替和人为演替。所谓自然演替，就是生态系统如遭到雷电火烧、洪水冲击、暴风雪、干旱、病虫害等外界突发性因素影响后，系统中某些生物群落毁灭或衰落而被另一些生物群落所替代的过程。人为演替，则是由于人类频繁的经济活动和严重索取自然资源的结果，使得生态系统中某些生物群落被强迫地替代掉。自然保护区内的野生动植物中，有许多

种类是反映环境好坏的指示物，它们对空气、水文和植被等污染破坏状况十分敏感。定位定点对自然保护区的这些生物指示物受危害的程度进行观察，可起到监测环境的作用。自然保护区有独特的条件，来同时监测和显示这两种演替的作用。

（6）生物多样性作用。自然保护区有使多种多样的生物物种和自然群落在其面积范围内生存和繁衍并能自然平衡发展的功能。同时，自然保护区内还含有多种地貌、土壤、气候、水系以及独特人文景观的单元。

（7）涵养水源和净化空气的作用。许多自然保护区内，生长着茂密的原始森林，而森林涵养水源的作用是巨大的。森林能阻挡雨水直接冲刷土地，减低地表径流的速度，使其获得缓慢下渗的机会。林地土壤疏松，林内枯枝落叶又能保水。无林坡的土壤只能吸收56%的水分；但坡上如有80~100米宽的林带时，地表径流则完全被转变为地下径流而储蓄起来，像水库一样。森林同时能吸收有毒气体、杀菌和阻滞粉尘的作用。由于林木枝叶茂盛，能减少风速，而使大粒灰尘沉降地面。据统计，一公顷松树林一年滞尘的总量达34吨。

（8）合理利用自然资源作用。自然保护区有着丰富的自然资源，对于可更新资源如野生动物和植物资源等，在人为提供特殊保护的条件下，合理开发利用一部分野生动植物，对它们的种群结构不会发生太大变化，不影响它们的正常生息和繁衍。因此要发挥自然保护区的资源优势，按照生物自然更新的规律，在自然资源承受能力与生物种群及其数量相适的条件下，积极发展种植业、养殖业、采集业、加工业和具有地方特色的手工艺品业等，不断提高自然保护区的利用价值。

▲ 吉林长白山自然保护区

（9）参观游览作用。接待中外科学工作者、大专院校师生考察参观自然保护区内的生态系统和野生动植物。把具有旅游特征的景观区划为向社会公众开放的自然保护区旅游区，融了解、探索、教育、宣传、鉴赏和娱乐等为一体，不断发挥和扩大自然保护区在国内外的影响，吸引更多的人们来关心、支持和帮助自然保护区的保护、管理和建设工作。

（10）国际合作交流作用。人类共同生活在一个地球上，陆地、水体和大气的连接、传递，使地球各部分之间进行能量和物质的交换，因而一个地区的变化往往会影响到另一个地区乃至整个地球。不同国家建立的自然保护区，通常在地理上或生物学上是相互联系的，许多迁徙物种在跨国保护区或是相邻保护区内互相往返。为保护和管理迁徙物种，需要有国与国之间或国际上的共同保护和联合行动。同时有关自然保护区科学研究进展和保护区网的信息数据，也需要通过国际间的合作与交流来共享其成果。因此，中国自然保护事业的发展和自然保护区建设管理水平的高低，也将对全世界产生影响。

第二章

丰富物产的合理保护——
自然资源学习篇

第一节　保护我们的母亲——土地资源

1. 土地及其分类

人们常常把大地比作人类的母亲。其实，与母亲相比，大地有过之而无不及。因为人类的吃、穿、住、行，皆来自土地，而我们不需要的东西，又莫不弃之于土地。儿子成人后，还有离开母亲的时候，而人类却未曾一刻离开过土地。

▲　和谐的自然生态环境

▲ 茶园

　　土地对人类实在是太重要了。古今中外，人类的多数战争是因争夺土地而展开的。然而，土地又实在是太平凡了，它与空气、水一样，是生命平凡而又伟大的元素。

　　土地属于岩石圈的表层。我们脚下的土地，是大自然风化侵蚀的成果，是我们祖先世世代代垦殖的结果，是神州大地的肌肤，是孕育百谷花草的胚基，是万物生灵踊跃的依托，是子孙后代可持续发展的根基。那么，到底什么是土地呢？

　　土地是地球表层的陆地部分，及其以上、以下一定幅度空间范围内的全部环境要素，以及人类社会生产生活等作用于空间的某些结果所组成的自然—经济综合体。它是包括地表某一地段所包括的地质、地貌、气候、水文、土壤、植被等多种自然要素在内的自然综合体。

▲ 高原湖泊

　　土地资源，又有狭义和广义之分。狭义的土地资源，是指在一定的技术经济条件下，能直接为人类生产和生活所利用，并能产生效益的土地，如耕地、林地、草地、农田水利设施用地、养殖水面，以及构（建）筑物的城乡住宅和公共设施用地、工矿用地、交通水利设施用地、旅游用地、军事设施用地等。荒草地、盐碱地、沙地等土地，因在现实的技术经济条件下，难以利用或未利用，则被称为"未利用土地"，不在土地资源之列。由于各类土地对人类社会经济的发展都有一定的社会效益、经济效益和环境效益，因此，广义的土地资源包括各类已利用和未利用的土地（包括南极、高山等这些人们涉足较少地区的土地）。

土地资源的分类有多种方法，在我国较普遍的是采用地形分类和土地利用类型分类。

（1）按地形，土地资源可分为高原、山地、丘陵、平原、盆地。这种分类，展示了土地利用的自然基础。一般而言，山地宜发展林牧业，平原、盆地宜发展农业。

（2）按土地利用类型，土地资源可分为已利用土地、旱耕地、林地、草地、工矿交通居民点用地等；宜开发利用土地，如宜垦荒地、宜林荒地、宜牧荒地、沼泽滩涂水域等；暂时难利用土地，即戈壁、沙漠、高寒山地等。这种分类，着眼于土地的开发利用，着重研究土地利用所带来的社会效益、经济效益和生态环境效益。

土地资源具有如下几个特征：土地资源是自然的产物；土地资源的位置是固定的，不能移动；土地资源的区位存在差异性；土地资源的总量是有限的；土地资源的利用具有可持续性；土地资源的经济供给，具有稀缺性；土地的利用方向变更，具有困难性；土地可利用的数量，明显减少。

评价已利用土地资源的方式、生产潜力，调查分析宜利用土地资源的数量、质量、分布以及进一步开发利用的方向途径；查明目前暂不能利用土地资源的数量和分布，探讨今后改造利用的可能性；为深入挖掘土地资源的生产潜力，合理安排生产布局，提供基本的科学依据。

戈 壁

"戈壁"一词来源于蒙古语。指的是地势起伏平缓、地面覆盖大片砾石的荒漠。戈壁地面因细沙已被风刮走，剩下砾石铺盖，因而有砾质荒漠和石质荒漠的区别。

▲ 奇特的戈壁丹霞景观

2. 中国土地的退化问题

我们知道，我国的水土流失，主要发生于中西部地区。西部地区的水土流失面积达到293.74万平方千米，占全国水土流失总面积的

82.6%。其中，水蚀面积达到 106.84 万平方千米，风蚀面积为 186.89
万平方千米，分别占全国水蚀和风蚀总面积的 64.8% 和 98%。水土流
失面积达到 10 万平方千米以上的省区为新疆、内蒙古、甘肃、青海、
四川、云南、陕西、西藏等。

自然因素和人为因素是造成土地退化的主要原因。即在气候干旱
等自然因素基础上，由不合理的人为活动所造成的土地退化。这主要
包括以下几个方面：

（1）大规模的毁林毁草开荒

在不具备垦殖条件，又没有防护措施的情况下，在干旱、半干
旱和半湿润地区进行农业种植，大规模地毁林毁草开荒，导致了区
域生态环境恶化。由于土地退化地区，特别是荒漠化地区，经济欠
发达，交通不便，煤炭难以购进，农牧民主要以天然植物和畜禽粪
便为燃料。其樵柴的方
式，通常是大片地连根
挖掘，使地表植被和土
壤遭到严重破坏，因而
在风力作用下，大面积
固定、半固定沙地极易
变成流沙。

▲ 未开垦的荒地

（2）草原过度放牧严重

▲ 草原放牧

草原只利用不保护，天然草场生产力低。随着人口增加和市场利益驱动，牧民盲目增加牲畜头数，导致草场严重超载。由于牲畜的过度践踏，地表结构受到破坏，造成风蚀沙化。新中国成立以来，我国牧区牲畜由 2900 万头（只）发展到 9000 多万头（只），草原面积却因开垦破坏和沙化而减少 667 万公顷，过牧现象更加严重。

（3）对水资源的不合理开发利用

一些地区由于大规模开采地下水，使地下水位急剧下降，导致大片沙生植被干枯死亡。在内陆干旱区，由于河流上中游用水过多，造成下游河湖干涸，荒漠扩大。在沙漠边缘地区，由于超采地下水，植被枯萎，造成土地沙化。在大中型灌区，由于灌溉不当，地下水位上升，造成土壤次生盐碱化。

（4）不合理的种植结构和耕作制度

在一些农区土地利用中，由于不合理的种植结构和耕作制度，破坏了土地生态系统与环境要素之间的平衡关系，造成一些地方的水土流失甚至沙化，致使区域土地资源不断退化，生产力显著下降。

■ 3. 中国土地退化的防治 ■

我国土地退化防治，因地制宜，遵循自然规律，主要采用植树种草的围栏封育等生物措施，与淤地坝、谷坊等工程措施及农业耕作的治理措施，人工恢复与人工促进自然修复相结合。以坡耕地改造为基础，以小流域为单元，实行山水田林路统一规划，综合治理。通过农户、企业、社区、政府等治理主体的共同参与，推行退化土地承包、拍卖、租赁、股份合作等多种治理模式。这些模式强调土地资源的择优配置，采取重点措施以解决资源不匹配的问题，使退化的土地资源转化为具有市场竞争力的生产性资源，从而为治理者带来更多的收益或利润。随着市场经济体制的逐步深入，土地退化治理，纳入了区域化布局、规模化治理、集约化经营的轨道，并在实践的基础上概括出了"三个结合、三个延伸"的经验。即：改善生态环境与建设主导产业相结合，与开发资源、发展区域经济相结合，与脱贫致富相结合；向大农业延伸、向非农产业延伸、向市场延伸。

通过小流域综合治理，发展高效农牧业，项目区2500多万亩陡坡耕地退耕还林，实施封育保护面积 10 万平方千米，基本解决了 4000 多万人的温饱问题，为水土流失治理区社会经济的可持续发展奠定了坚实的基础。

土地退化，是我国最为严重的生态环境问题之一。尽管土地退化趋势已在局部地区得到遏制，但一些重点土地退化省区和经济落后地区仍在加速扩展，土地退化仍然是一个严峻的挑战。因此，必须进一步优化土地资源综合整治措施体系，化解土地资源保护与治理中出现的这些问题，以推动土地退化防治的进程。

4. 保护我们的生命线——耕地

耕地，是指种植各种农作物的土地，主要包括熟地，新开发、复垦、整理地，休闲地（含轮歇地、轮作地）；以种植农作物（含蔬菜）为主，间有零星果树、桑树或其他树木的土地；平均每年能保证收获一季的已垦滩地和海涂；临时种植药材、草皮、花卉、苗木等的耕地，以及

▲ 稻田

其他临时改变用途的耕地等。耕地是人类所需食物的主要源泉，是农业生产的重要物质基础。

根据水利条件，耕地可分为水田和旱地。按水源情况，水田又可分为灌溉水田和望天田，旱地又分为水浇地和无水浇条件的旱地。

水田，是指筑有田埂，可以经常蓄水，用来种植水稻、莲藕、席草等水生作物的耕地。因天旱暂时没有蓄水而改种旱地作物的，或实行水稻和旱地作物轮种的（如水稻和小麦、油菜、蚕豆等轮种），仍计为水田。

旱地，是指无灌溉设施，靠天然降水种植旱作物的耕地，包括没有灌溉设施仅靠引洪淤灌的耕地。

"南稻北麦"农业区位的形成，是由我国的地理条件决定的。我国南方地区，春有春雨，初夏有梅雨，雨量十分丰沛，因而历史上南方广泛种植需水的水稻。我国北方"十年九春旱"，真正的雨季要到7月才开始。可是雨季后的秋冬季节，土壤尚湿润，因而历史上北方

广植秋种，而春末夏初收割冬小麦。这样，历史上我国便形成了"南稻北麦"的作物分布大格局。这条南北分界线，大体上就是秦岭和淮河。这也是我国习惯上的南北方分界线。

土地，是我们人类生存与发展的基础，是十分宝贵的资源和资产。目前，我国人均占有耕地面积仅为 1.5 亩，只相当于世界人均占有耕地面积的 37%。随着人口的迅猛增长，我国人多地少，土地资源总体质量差、耕地后备资源严重不足、土地利用率低等现实问题日益显著，也越来越引起社会各界的关注。

▲ 丰收的麦田

国以民为本，民以食为天，食以地为本。土地是人类赖以生存和发展的基础，耕地是保障粮食生产能力的根本。离开了耕地，就谈不上民族的生存和社会经济的可持续发展。耕地资源，是无法通过贸易途径获得弥补的战略性资源。温家宝在第十届全国人大五次会议上所作的政府工作报告中强调，在土地问题上，绝不能犯不可改正的历史性错误，遗祸子孙后代。一定要守住全国耕地不少于18亿亩这条红线，坚决实行最严格的土地管理制度。

当前，我国的耕地保护形势，依然非常严峻。全国耕地总面积仅剩20.25亿亩，人均占有耕地面积只有1.5亩，远远低于世界平均水平。同时，每年还有1亿亩左右的耕地不能得到灌溉，有近1/3的耕地受

▲ 半干旱地区的森林

到水土流失的侵害。必须确保不低于 18 亿亩，这是一条直接关系到 13 亿中国人吃饭问题的底线。加强耕地保护已经刻不容缓。

与世界上其他各国相比，我国的耕地具有如下特点：人均占有耕地数量少，仅为世界人均耕地亩的 37%；而且农业生产条件相对较好的地区人均占有耕地的数量，要比农业生产条件相对较差的地区人均占有耕地的数量要低。因此，人多地少是我国的基本国情。而且，耕地总体质量差，生产水平低。从全国范围来讲，我国的优质耕地少，抗自然灾害能力差。耕地质量差和耕地与水资源分布不均匀，造成我国耕地的生产水平较低；同时耕地退化严重。我国许多耕地，处于干旱和半干旱地区，受到荒漠化的影响。我国干旱、半干旱地区 40% 的耕地，不同程度地退化，全国有 30% 左右的耕地，不同程度地受水土流失的危害。而且，我国耕地资源贫乏。据统计，我国耕地后备资源即使全部开发成耕地，人均增加耕地也不足 0.1 亩。而且新中国成立以来，经过长期开发，剩余的后备耕地资源大多为质量差、开发难度大的土地。因而，我国必须要保护耕地。切实保护耕地，严格控制耕地转为非耕地，是耕地保护的基本原则。

美国著名学者莱斯特·布朗 1994 年的报告《谁来养活中国》，说中国人口众多，而且还在继续增长，但耕地资源有限，并被高速增长的工业化和城市化不断占用，于是粮食安全会成问题。尽管当时我们回答说，我们自己能养活自己。但明白人都知道，他提出的问题，并非空穴来风。天下什么问题最大？吃饭问题最大！中国历朝历代对此问题都不敢掉以轻心。此外，一波又一波的开发区热、房地产热占用了多少耕地？种地不挣钱，又使多少土地抛荒？这已是大家都严重关注的事。因此，可以说，对于人多地少的中国，粮食安全问题就像一把利剑，随时高悬在我们头上。

在我国现阶段工业化的现代化进程中，城市不断地向外延伸，耕地正在不断消失；农民到城里打工赚了钱，但不能留在城市，回到家乡盖起了高楼大院；农村的耕地，因无人耕种，变成了荒地；为了发家致富，大量的耕地变成了葡萄园、甘草地，种起了苹果、黄桃、鸭梨，

▼　丰收的麦田

▲ 葡萄园

养起了鸡、鸭、鱼、猪；乡镇企业蓬勃发展，就地城市化，导致就地工业化……就这样，我们的耕地面积在逐年减少。

问题的严重性还在于，中国正处在经济高速发展、城市化和工业化突飞猛进的时期，非农用地的需求不可避免地将进一步增长。于是，我们面临以有限的适宜土地（主要是耕地），既要保证"吃饭"又要保证"建设"的两难局面，而且生态退耕将进一步加剧这种冲突。

总之，耕地面积减少，粮食播种面积必将减少，粮食总产量就会减少，人均粮食占有量必然减少。保护耕地，首先要使用法律来遏制滥用耕地的现象；其次，加大复垦力度，增加耕地资源；最后，加大投入，提高耕地质量。

第二节　还地球美丽"皮肤"——草原资源

1. 草原及其作用

当我们看报纸、杂志的时候，常常会碰到一些与草地相近的词。比如，城市中的绿地不叫草原，而叫草坪或草地；而内蒙古的辽阔草地，人们通常都叫它大草原。这些词之间有什么不同吗？

▲　内蒙古草原

（1）草原的基本情况

草原，一般指的是天然的草地植被，是指在不受地下水或地表水影响下而形成的地带性草地植被。我国大兴安岭以西的内蒙古草原，青海、甘肃的荒漠草原，都是这种类型，都叫作草原。

草原以及各种类型的草地，一旦被用来放牧或割草等，即称之为草场。也就是说，草场可以认为是已被人们进行开发利用的草地。草坪，指的是有特殊功能的草地，是人工建造并管理的具有特殊功能的草地。实际上，草地是一种泛指，是指生长有草本植物或有一定灌木植被的土地，因而草原、草场、草坪都被包括在其中。

草原，是世界所有植被类型中分布最广的。然而，正是由于人类对土地的利用，已大大改变了天然植被，造成谷物、牧地等人为草原。这些地区需要某种形式的非自然重复侵扰，例如持续的栽培、密集放牧、焚烧或割刈。然而，这里讨论的是偏重自然草原和近乎自然的草原。

最广阔的草原，可视为环境梯度的中间，其中森林和沙漠分在两端。森林占据最有利的环境，那里湿气充足，可让乔木为主的高大密集植被生长和存活。沙漠为水气缺乏的地方，无法维持永续的植被。

草原则位于这两个极端之间。

由气候干旱所造成的最大片天然草原区，可分为热带草原和温带草原两大类。热带草原通常位于沙漠和热带森林之间，温带草原通常位于沙漠和温带森林之间。热带草原与稀树草原出现于相同地区。对这两个植被类型之间的差异，说法不一，视乔木多少而定。同样，温带草原可能散布着一些灌木或乔木，在接近灌丛地或温带森林的地方出现时界线可能较模糊。许多原本被视为天然的草原，如今被认定是先前生长于边陲气候干燥的森林，因早期人类的干扰，使它们发生了转化。

半天然的草原，可能出现在那些以前为了耕种而清除木本植被，后来又被废弃的地方，因一再焚烧或放牧，使原本的植被无法复原。在潮湿的热带地区，这些类型的草原可能非常密集，如东非洲以象草为主的草原，或如新几内亚以沼芒草为主的草原，这两处的草皆可长至 3 米。

各地草原的面积和特点，一部分可能决定于草原与人类交互影响的漫长历史，尤其是通过火这个媒介物。

为什么要成立"国际绿十字会"

1993 年 4 月，在日本东京成立了"国际绿十字会"。这是 1992 年 6 月在巴西召开的世界各国议会首脑环境大会上提出来的。

国际绿十字会的口号是："保护人类的自然环境，保证人类和一切生物的未来，通过一切有益活动促进价值的变换，用它来建立适当的人与人、人与自然的关系。"与国际红十字会的宗旨相呼应，其功能是为挽救因为环境问题、人口问题而处于危险状态的地球，对因环境影响而受到破坏的现场给予救援，对人类进行日常的环境教育等。

国际绿十字会在其组织上，以"全球论坛"为基础，该论坛是由宗教、科学、文化等世界各界代表和各国议员所组成的。

在和平共处、发展经济的今天，环境保护问题日益重要，因此国际绿十字会的成立，适应了时代的潮流，具有重大的意义。

（2）草地的功能

①生态平衡的功臣

众所周知，长期以来，我们都比较看重草地的经济功能。一提到草地，我们想到的就是草地是重要的生产资料，是重要的可更新资源，能生产肉、奶、皮、毛，能提供大量的畜产品，有大量宝贵的特有经济功能，而往往忽略其生态功能与社会功能。新世纪前后袭击北京的沙尘暴、长江的洪灾等许多重大自然灾害问题，使我们许多人对此有所反思。草原，既是发展畜牧业的基地，也是调节气候、涵养水源、保持水土、防风固沙、维护自然生态平衡的重要因素。

炎炎夏日，我们置身于植物覆盖的房子，会有凉爽舒服之感。而在隆冬，我们如果躲进这种房子，又会有暖融融的感觉。同样，草坪的作用，也有异曲同工之妙。草坪在调节小气候方面的作用，实在是功不可没。其功能主要有三方面的作用：草地可截留降水，且比空旷

▲　热带草原

地有较高的渗透率，对涵养土壤中的水分也有积极作用。据试验，水草的降水截留量可达50%。由于草地的蒸腾作用，具有调节气温和空气中湿度的能力，与裸地相比，草地上的湿度一般比裸地高20%左右。由于草地可吸收辐射外地表的热量，所以夏季其地表温度比裸地低3℃~5℃；而冬季相反，草地比裸地高6℃~6.5℃。这些就使得草坪在调节小气候方面起着十分积极的作用。

②保水固土的卫士

不论在我国南方或者北方的山上，假如地表裸露，没有植物覆盖，大雨过后，水土肯定流失严重。但是，很少有人知道，在我国南方桉树林里，尽管大树成林，但林下灌木与草本层缺乏，大雨过后，也照样有严重的水土流失，同样也会成为光板地。这就是说，要保持水土，光有树还不行，还必须有草。草的水土保持功能十分重要，在许多情况下比树的作用更突出。草之所以具有如此强大的水土保持功能，主要由于：草的根系发达，而且主要都是直径小于1毫米的细根。实验表明，直径小于1毫米的根系才具有强大的固结土壤、防止侵蚀的能力。另外，草本植物大量的地表茎叶的覆盖，也可以减少降雨对地表

▲ 草本植被

的冲刷。这就是为什么在我国南方许多桉树林下，也仍有严重水土流失的原因。正因为如此，草本植被被称为保水固土的卫士。

众所周知，我们可以通过放牧，把草转化成为肉、奶、毛皮等畜产品。但是，由于过度放牧、开垦，使草原沙漠化、荒漠化。因此，要想更好地利用草地，合理利用草地，就必须以草定畜，严格控制草场载畜量；建立人工草地，推行越冬饲养方式；采用先进技术，实行划区轮牧。

■ 2. 保护草原资源 ■

那么，人们不禁要问，草地为什么会退化呢？分析起来，这里既有自然原因，也有人为原因。其自然原因，主要是气候变化，即温暖化与干旱化。这是整个地球表面共同的变化，人类不能够左右，只能认识和利用这一规律。而其人为原因，特别是近几十年，长期的不合理活动，加剧了我国天然草原退化的过程。在这些长期的活动中，草

▲ 退化的草地

原退化的主要原因是过牧，即过度放牧。过度放牧又叫草原超载。在一定自然条件下，单位面积的草场只能供一定数量牲畜的活动，过度放牧，会使牧草来不及生长，来不及积累有机质，草丛变得越来越矮，产量越来越低，优良牧草断绝，只剩下那些有毒的或者牲畜不喜采食的植物。这就是为什么退化的草地，一方面表现为植物小型化、生物量低的特点；另一方面表现为有毒植物相对增多的特点。如在内蒙古的典型草原，退化严重的草原上，"狼毒"草大量保存下来。除了以上影响外，牲畜长期的大量的过度践踏，也会使土壤变得紧实，导致透气透水能力降低，土壤性状恶化。

我国有60亿亩草地，其中90%以上处于不同程度的退化之中。如何改良、利用这90%的退化草地，是草原退化防治的根本与关键。

对于退化草地，关键是在用中改良。合理使用本身，就是一种科学管理。此外，对于退化草地的合理利用与改良，是一个复杂的问题，要贯彻综合治理的思想，采取多种措施。其中值得重视的措施有：

（1）围栏封育。这是最简单易行的措施，也是成效显著的措施。在内蒙古草原退化的草地，一般

围栏三年，即可发生显著的变化，生产力就可有较大幅度提高。

（2）松土改良。这是一种用机械的办法改善土壤的物理性状，进而改良土壤的化学状况，为植物生长创造好的条件，提高生产力的方法。

▲ 草地牧羊

（3）补播。也就是在退化草地上补种合适的豆科或禾本科牧草。

（4）施肥。就是在某些局部地区，在可能的条件下，施用化学肥料或有机肥料。这样，对提高生产力与对退化草地的改良有很大好处。

草原退化，主要是因为牲畜多了，而草地上的牧草产量少了，草与畜不能平衡。假如我们设法增加牧草的产量，就可以为更多的牲畜提供更多的牧草，从而实现新的畜草平衡。这就是建立人工草地与防治草原退化的辩证关系。

人工草地，是一种高产的牧草生产系统。要高产，既要有好的基础，也要有高的投入。建立人工草地，选择合适的地形部位与土壤条件十分重要。人工草地成功的一半是有了好的基础，而另一半就是好的草

种、合适的结构、精耕细作、精细管理以及收获等。在这里，要特别强调，豆科牧草的选择十分重要。因为我国目前家畜饲草缺乏，最严重的问题就是蛋白质饲料的不足。另外，在人工草种中，配合一定比例的豆科牧草，不仅可解决蛋白质饲料的不足，而且豆科牧草的生物固氮可增加系统中的氮素含量，提高土壤肥力。这是一举两得的事。

总之，我们应采取科学措施，综合防治草原的病虫鼠害，注意防止农药及工矿企业排放"三废"对草原的污染，保护黄鼬、鹰和狐狸等鼠类天敌。同时，加强草地畜牧业的科学管理，合理控制牲畜头数，调整畜群结构，实行以草定畜，防止草场超载过牧；建立两季或者三季为主的季节营地，大力推行划区围栏轮牧，推行草地有偿承包合作制度；积极开发一些新能源，如太阳能、风能和沼气等，解决一部分牧区居民的生活使用燃料，以减轻对天然植被的破坏；实行"科技兴草"，发展草业科学，加强草业系统过程和草原生态研究；引种驯化、筛选培育优良牧草，加强牧草病虫鼠害防治技术和退化草原恢复技术的研究，维护草原生态系统的良性循环。

知 识 链 接

中国最美的大草原

1. 内蒙古的呼伦贝尔草原和锡林郭勒草原

2. 新疆的伊犁草原

3. 川西高寒草原

4. 西藏那曲高寒草原

5. 青海、甘肃一带的祁连山草原

▲ 祁连山草原

第三节 爱护"地球之肺"——森林资源

1. 森林及其作用

（1）什么是森林

在生长过程中，森林要吸收大量二氧化碳，放出氧气。因此，森林被誉为"地球之肺""大自然的总调度室"。也就是说，森林对环境具有重大的调节功能。所以，我们才说，覆盖在大地上的郁郁葱葱的森林，是人类拥有自然界的一笔巨大而又最珍贵的"绿色财富"。

森林，是一个高密度树木的区域。这些植物群落对二氧化碳下降、动物群落、水文湍流调节和巩固土壤起着重要作用，构成地球生物圈中的一个最重要方面。

森林，是由树木为主体所组成的地表生物群落。它具有丰富的物种、复杂的结构、多

▲ 能净化空气的森林

种多样的功能。森林，与所在空间的非生物环境有机地结合在一起，构成完整的生态系统。森林是地球上最大的陆地生态系统，是全球生物圈中重

▲　森林植被

要的一环。它是地球上的基因库、碳贮库、蓄水库和能源库，对维系整个地球的生态平衡起着至关重要的作用，是人类赖以生存和发展的资源和环境。

众所周知，人类的祖先，最初就是生活在森林里的。他们靠采集野果、捕捉鸟兽为食，用树叶、兽皮做衣，在树枝上架巢做屋。森林是人类的老家，人类是从这里起源和发展起来的。

森林中出产的木材用途很广，如造房子、开矿山、修铁路、架桥梁、造纸、做家具等。其他的林产品也丰富多彩，如松脂、烤胶、虫蜡、香料等，都是轻工业的原料。

我国和印度使用药用植物已有 5000 多年的历史。今天世界上大多数的药材，仍旧依靠植物和森林取得。在发达国家，1/4 药品中的活性配料来自药用植物。

（2）森林的功能

①天然的消音器

随着公共交通运输业的发展，噪声对人类的危害越来越严重。特别是在城镇，显得尤为突出。作为天然的消音器，森林则有着很好的防噪声的效果。据实验测得，公园或片林，可降低噪声 5~40 分贝；在城市街道上种树，也可消减噪声 7~10 分贝。

②天然的氧气厂

氧气是人类维持生命的基本条件，人体每时每刻都要吸入氧气，呼出二氧化碳。一个健康的人，三两天不吃不喝不会致命，而短暂的几分钟缺氧就会死亡。

▲　热带森林

森林在生长过程中，要吸收大量的二氧化碳，放出氧气。树木的叶子，通过光合作用，产生 1 克葡萄糖，就能消耗 2500 千克空气中所含有的全部二氧化碳。如果是在树木生长的旺季，1 公顷的阔叶林，每天能吸收 1000 千克的二氧化碳，制造生产出 750 千克的氧气。就全球

▲ 热带森林植被

来说，森林绿地每年为人类处理近 100 万亿千克的二氧化碳，为空气提供 60% 的洁净氧气，同时吸收大气中的悬浮颗粒物，能极大地提高空气质量，并能减少温室气体的排放，减少大气热效应。

③全天然的绿色空调

森林浓密的树冠，在炎热的夏季能吸收、散射和反射掉一部分太阳能辐射，从而减少地面的增温。在冬季，尽管森林的叶子大都凋零，但密集的枝干，仍能消减吹过地面的风速，使空气流量减少，因而起到保温、保湿作用。据测定，夏季森林里的气温，比城市空阔地低 2℃~4℃，而相对湿度则高 15%~25%，比柏油混凝土的路面气温要低 10℃~20℃。

工业发展，排放的烟灰、粉尘、废气，也严重污染着空气，威胁着人类的健康。但林木能在低浓度的范围内吸收各种有毒气体，使污染的空气得到净化。研究证明，许多植物种类能分泌出有强大杀菌功能的挥发性物质——杀菌素。林木对大气中的粉尘污染，能起到阻滞过滤作用。一般来说，林区大气中飘尘的浓度比非林地区低。另外，森林对污水净化的能力也极强。据国外研究介绍，污水穿过40米左右的林地，水中细菌的含量大致可减少一半；而后随着流经林地距离的增大，污水中的细菌数量最多可减90%以上。

森林还能改变低空气流，有防止风沙和减轻洪灾、涵养水源、保持水土的作用。由于森林树干、枝叶的阻挡和摩擦消耗，进入林区的风速会明显减弱。据有关资料介绍，夏季浓密树冠可减弱风速，最多可减少50%。风在过林之后，大约要经过500~1000米，才能恢复过林前的速度。因此，人类便利用森林的这一功能来造林治沙。

总之，这种具有多种功能的森林资源，能为人类提供的效用及其蕴涵的内在潜力是无限的，其价值也是无法估量的。首先，它能为人类提供林木产品。木材广泛用于建筑、家具、造纸、纤维板等多种用途。尽管现在有许多替代品，但木制品的优越性是无法达到和超越的。其次，森林还能提供非木材制品，包括品种繁多的动物、野果、可用作食物和药物的植物、纤维、染料、动物

▲ 森林能防风固沙

▲ 温带森林

饲料、橡胶、树脂等。在一些国家，森林中的野生动物，为当地的居民提供了所消耗的动物蛋白的 70%~90%。再次，森林还能提供无形的环境效益。森林对环境的这种无形的效应和保护，体现在许多方面：森林可以保护土壤，减少水土流失，保护和净化水资源；还能保护下游的电站及其灌溉设施，延长其寿命；在冰雪覆盖的地区，森林还可以调节雪融化的速度，从而减少春季水患；树木还可以有效防止风蚀，有助于雨水下渗补给地下水，树叶和根系可以保持土壤的肥力；沿海地区的红树林，可以保护海岸免遭侵蚀，并提供鱼虾的繁殖场所。此外，森林还能提供基因资源和生物的多样性。森林，特别是热带森林中，拥有极其丰富的物种资源，其对动植物基因自然选择的动态储存功能，是任何实验室都无法比拟的。

2. 保护森林资源

自古以来，人类就在不断地砍伐林木，毁林开荒，致使森林大面积减少，严重破坏了"地球之肺"，导致"大自然的总调度室"失调，引起气候的异常变化，并进而破坏了人类赖以生存的自然生态环境，最终影响人类的生活和生存。

温带森林的砍伐历史很长，在工业化过程中，欧洲、北美等地的温带森林，有 1/3 被砍伐掉了。尽管热带森林的大规模开发只有 30 多年的历史，却已经造成了严重的破坏。欧洲国家进入非洲，美国进入中南美洲，日本进入东南亚地区，寻求热带林木资源。在这 30 年间，各发达国家进口的热带木材增长了十几倍，达到世界木材和纸浆供给量的 10% 左右。

为了满足人口增长对粮食的需求，在发展中国家开垦了大量的林地。特别是农民非法烧荒耕作，造成了对森林的严重破坏。中南美地区，特别是南美亚马孙地区，砍伐和烧毁了大量森林，使之变为大规模牧场，以满足发达国家对牛肉的需求。

在 25.4~30.48 厘米宽的洪水里，一棵树能吸收 25.75 万千克的水，

▲ 植树造林减少泥土流失

把这些水锁在海绵层里过滤，再放进涵水层里。砍掉那样的一棵树，就会导致洪水泛滥和土壤侵蚀，就会失去 25.75 万千克的当地储水，等这些水从山上冲下来的时候就会伤人，就会破坏社区，最终会污染海洋。由于人类过度乱砍滥伐，再过 100 年，全球森林就会消失。让我们想象一下森林消失的时刻：土沙崩溃、洪水、泥石流、干旱、全球变暖等一系列的恶魔，都会张开魔爪向我们袭来，地球上的所有生物也许都会灭绝。

此外，酸雨也是破坏森林的原因之一。因发达国家广泛进口和发展中国家开荒、采伐、放牧，使得森林面积大幅度减少。自1970 年开始，酸雨对森林的破坏也备受人们关注。受害严重的主要地区，是欧洲和北美的北方林。许多国家的森林面积在减少，有的国家失去了一半以上的森林。加拿大和美国靠近五大湖的地区都受到严重酸雨影响，到处可以看到树叶掉落和干枯的森林。在中国的工业城市周边，也出现了针叶树林干枯的现象。还有其他国家也受酸雨的影响，森林正在遭受破坏。今后，还会有很多森林会受酸雨的影响，导致森林消失的可能性增加。

据绿色和平组织估计，100年来，全世界的原始森林有80%遭到破坏。另据联合国粮农组织报告显示，如果用陆地总面积来算，地球的森林覆盖率仅为26.6%。森林减少，导致土壤流失、水灾频繁、全球变暖、物种消失等。一味向地球索取的人类，已将自身生存的地球推到了一个十分危险的境地。因此我们说，森林面积的减少是"地球之肺"的溃疡，也最终会使地球变成秃头！

中国现有原生性森林主要集中在东北、西南天然林区。按其植被类型划分，针叶林和阔叶林面积约各占一半，前者为49.8%，后者占47.2%，其余3%为针阔叶混交林。现分述如下：

（1）针叶林。针叶林在中国分布广泛，但作为地带性的针叶林则只见于东北和西北两隅以及西南、藏东南的亚高山针叶林。

（2）阔叶林。阔叶林在大部分地区都有分布。

（3）针叶与落叶阔叶混交林。主要分布在中国亚热带山地和东北长白山和小兴安岭一带山地。

随着社会的发展，人们越来越认识到，森林具有吸收二氧化碳释放氧气、吸毒、除尘、杀菌、净化污水、降低噪声、防止风沙、调节气候以及对有毒物质的指示监测等作用。于是不少人开始到大自然中去感受大森林的乐趣，去领略大森林对人体的各种益处。

此外，森林还有调节小气候的作用。据测定，在高温夏季，林地内的温度较非林地要低3℃~5℃。在严寒多风的冬季，森林能使风速降低而使温度提高，从而起到冬暖夏凉的作用。此外森林中植物的叶面有蒸腾水分作用，它可使周围空气湿度提高。

知识链接

想一想森林都有哪些益处

1. 改善空气质量；

2. 缓解"热岛效应"；

3. 减少泥沙流失；

4. 涵养水源；

5. 减少风沙危害；

6. 丰富生物品种；

7. 增加景点景区；

8. 带动种苗、花卉产业；

9. 减轻噪声污染；

10. 优化投资环境；

11. 美化自然环境。

第四节　珍爱大自然的精灵——生物资源

1. 什么是生物

在地球这个蔚蓝色的星球上，生活着各种各样的植物和动物，呈现着大自然生物的多样性。我们完全可以说，生物世界是人类诞生的摇篮，它既哺育了人类的成长壮大，又孕育了漫长的古代文明；与此同时，神秘而美丽的大自然中的各种动物，也都在直接或间接地影响着我们的生活。与人类一样，这些和人类息息相关的生灵，与人类共享着这个美丽富饶的星球，它们也是地球的主人。

生物资源，是自然资源的有机组成部分，是指生物圈中对人类具有一定价值的动物、植物、微生物以及它们所组成的生物群落。

植物资源，是生物圈中各种植被的总和，包括陆生植物和水生植物两大类。前者分为天然植物资源（如森林资源、草场资源和野生植物资源等）和栽培植物资源（如粮食作物、经济作物及园艺作物资源等），后者如各类海藻及水草等。植物资源作为第一性生产者，是维持生物圈物质循环和能量流动的基础。

植物，又可分藻类、菌类、蕨类、苔藓植物和种子植物，种子植物又分为裸子植物和被子植物。植物有 40 多万种，其中绿色开花植物有 20 多万种。

植物距今约 25 亿年前（元古代）诞生，地球史上最早出现的植物属于菌类，其后是藻类植物、蕨类植物、裸子植物依次更替，直至今天的被子植物时代。现代类型的松、柏，甚至像水杉、红杉等，都是在这一时期产生的。

植物，是生物界中的一大类，一般有叶绿素，没有神经，没有感觉。植物借助自身叶绿素，在太阳光的照射下，将水、矿物质和二氧化碳转变为有机物，同时释放出氧气的过程，就是光合作用。光合作用对人类十分重要。太阳光是地球上的植物进行光合作用的必备条件。据计算，整个世界的绿色植物每天可以产生约 4 亿吨的蛋白质、碳水化合物和脂肪，与此同时，还能向空气中释放出近 5 亿吨的氧，为人和动物提供了充足的食物和氧气。研究光合作用，对农业生产、环境保护等领域起着基础指导的作用。

植物资源，是在目前的社会经济技术条件下，人类可以利用与可能利用的植物，包括陆地、湖泊、海洋中的一般植物和一些珍稀濒危植物。植物资源既是人类所需的食物的主要来源，又能为人类提供各种纤维素和药品，在人类生活、工业、农业和医药上具有广泛的用途。

植物具有多种用途，各种各样的植物可用来美化环境、提供绿荫、调整温度、降低风速、减少噪声和防止水土流失。植物，还是旅游产业存在和发展的物质基础。植物园、历史园林、国家公国、郁金香花田、雨林以及有多彩秋叶的森林等，都是旅游的好去处。

植物，也为人类的精神生活提供基础需要。人们在室内外，放置各种花草树木，来装点家居生活空间，让人赏心悦目。同时，人们还用一些植物来启发灵感，进行艺术创作。我们每天使用的纸，就是用植物制作的。一些具有芬芳物质的植物，则被人类制作成香水、香精等各种化妆品。许多乐器，也是由植物制作而成。

动物也是生物界中的一大类。

一般情况下，动物不能
将无机物合成有机物，
只能以有机物（植物、
动物或微生物）为食料。

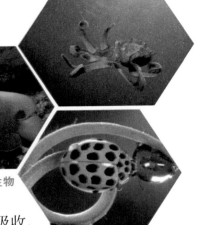

▲ 海洋生物

动物具有与植物不同的形
态结构和生理功能，以进行摄食、消化、吸收、
呼吸、循环、排泄、感觉、运动和繁殖等生命活动。

▲ 昆虫

动物界的历史，就是动物起源、分化和进化的漫长历程。动物是
一个从单细胞到多细胞、从无脊椎到有脊椎、从低等到高等、从简单
到复杂的过程。

两栖动物，是最早登上陆地的脊椎动物。而人则是哺乳类动物中
最高级的动物。

动物，根据水生还是陆生，可将它们分为水生动物和陆生动物；
根据有没有羽毛，可将它们分为有羽毛的动物和没有羽毛的动物。除
以上两种特征外，还可以根据动物有无脊椎，将它们分为脊椎动物和
无脊椎动物两大类。脊椎动物包括鱼类、爬行类、鸟类、两栖类、哺
乳类五大类。无脊椎动物包括原生动物、扁形动物、腔肠动物、棘皮
动物、节肢动物、软体动物、环节动物、线形动物八大类。无脊椎动

物占世界上所有动物的 90% 以上。

微生物，是包括细菌、病毒、真菌以及一些小型的原生动物等在内的一大类生物群体。它个体微小，却与人类生活密切相关。

微生物在自然界中，可谓"无处不在，无处不有"，涵盖了有益有害的众多种类，广泛涉及健康、食品、医药、工农业、环保等诸多领域。生物界的微生物达几万种，大多数对人类有益，只有一少部分能致病。有些微生物通常不致病，但在特定环境下能引起感染。

微生物能引起食品变质、腐败，正因为它们分解自然界的物体，才能完成大自然的物质循环。

■ 2. 植物的功能 ■

我们知道，在今天的地球上生存着多种多样的植物，它们的结构、形态各异，适应着各种不同的生活环境。植物的多样性，使得它们的代谢产物和贮藏产物也是各种各样的，这对自然界和人类产生了各种各样的用途。

第一，植物是人类赖以生存的基础。植物能够通过光合作用，制造有机物，而人类和其他动物，则必须直接或间接

▲ 麦穗

地从植物中获得营养成分。人类所吃食物的大部分是直接从植物中获得的。当我们以马铃薯、胡萝卜及柑橘等作为食物时，就是直接利用植物的过程。如果我们吃以植物为生的动

▲　植物能保持水土

物，如牛、羊等，或吃动物的产品，如蛋类、肉类，这就是间接利用植物的过程。人类直接用以食用的植物资源包括粮食、蔬菜、水果、干果、饮料、甜味剂、调味品和天然色素等。

第二，植物还能为我们提供各种生活用品和药品。棉花、亚麻、大麻、黄麻等，为我们提供服装、绳索、丝线等纤维材料；各种树木，提供建房的木料，也可以作为印书刊、报纸的纸张的原料。植物还给人类提供了各种香料、化妆品、橡胶、油漆以及其他无数产品。

许多植物，是制药的基本原料。如三七是云南白药的原料，而用于预防和治疗疟疾的奎宁是从金鸡纳的树皮中提取的。近年来，越来越多的药用植物，用于抗衰老、抗肿瘤和心脑血管疾病的治疗上。

第三，植物是人类呼吸所需要的氧气的来源。植物在光合作用下放出氧气。假若没有植物产生的氧气来补充大气中的氧气，氧气很早就被地球上的动物耗尽了。

第四，植物能够保持水土。在那些有厚厚植物被覆盖的地带，暴雨不能直接冲刷土壤。此外，植物根系还能够固结土壤颗粒，从而使土壤不易被雨水冲失。植物还能涵蓄水源，消减洪峰流量。

第五，植物的净化作用。植物可以通过叶片，吸收大气中的毒气，减少大气的毒物含量。植物的叶片能降低和吸附粉尘。一些水生植物，还可以来净化水域。

3. 生态系统的功能

生态系统，是指在一定的空间和时间范围内，在各种生物之间，以及生物群落与其无机环境之间，通过能量流动和物质循环而相互作用的一个统一整体。例如，绿色植物，利用微生物活动从土壤中释放出的氮、磷、钾等营养元素，食草动物以绿色植物为食物，肉食性动物又以食草动物为食物。各种动植物的残体，则既是昆虫等小动物的食物，又是微生物的营养来源。微生物活动的结果，则是释放出植物

▲ 污染环境的废气

▲　多样性的草原生物

生长所需要的营养物质。

　　经过长期的自然演化，每个区域的生物和环境之间、生物与生物之间，都形成了一种相对稳定的结构，具有相应的功能形态。

　　人口的剧增，已使地球不堪重负；环境污染，已使其伤痕累累；生态失衡，已使它失去了昔日的美丽；物种灭绝，危及整个生物圈。面对无穷无尽的污染，河流在悲泣，泉水在呻吟，海水在怒号。森林匿迹，溪流绝唱，草原退化，流沙尘扬。我们的地球，正超负荷运转；我们的家园，正走向衰亡。人类的警钟，是人类自己把它敲响的。生物多样性的减少，必将使人类患上"孤独症"。因此，挽救自然，挽救生态，挽救环境，挽救地球，已刻不容缓。否则，人类喝下的将是自己酿造的一杯毒酒。

　　生物多样性减少，是指包括动植物和微生物的所有生物物种。由于生态环境的破坏，对资源的过分开发，环境污染和引进外来物种等原因，使这些物种不断消失。据估计，地球上的物种约有 3000 万种。自 1600 年以来，已有 724 个物种灭绝。目前已有 3956 个物种濒临灭绝，3647 个物种为濒危物种，7240 个物种为稀有物种。

多数专家认为，地球上生物的 1/4，可能在未来 20~30 年内处于灭绝的危险；1990 年至 2020 年内，全世界 5%~15% 的物种可能灭绝，也就是每天消失 40~140 个物种。生物多样性的存在，对进化和保护生物圈的生命，维持生态系统，具有不可替代的作用。

生态系统一旦失去平衡，会发生非常严重的连锁性后果。生态系统的平衡往往是大自然经过了很长时间才建立起来的动态平衡，一旦受到破坏，有些平衡就无法重建了，带来的恶果可能是人类的努力无法弥补的。因此，人类要重视生态平衡，而绝不要轻易去破坏它。

生态平衡，是指生态系统内两个方面的稳定：一方面，是生物种（即生物、植物、微生物）的组成和数量，比例相对稳定；另一方面，是非生物环境（包括空气、阳光、水、土壤等）保持相对稳定。生态平衡，是一种动态平衡。比如，生物个体会不断发生更替，但总体上看，系统保持稳定，生物数量没有剧烈变化。我国每年除了自然力引发的灾害外，人为对环境与资源的破坏，加剧了自然灾害，或直接造成了生态的退化与危机。目前人口膨胀、大气污染、水土流失、水污与水荒、土壤沙化与植被荒漠化等问题，较为明显。造成生态系统破坏与退化的人为因素，可以归结为"五滥"，即滥垦、滥牧、滥伐（林木）、滥采（药材）、滥用水资源。这些行为，直接地使生物多样性显著消减，并且恶化了生物生存环境。因此，全社会要积极行动起来，为维护生态平衡作出努力。

第五节　珍惜我们的生命系统——水资源

1. 水的分布特点及分类

从太空中看，我们居住的地球，是一个椭圆形的、极为秀丽的蔚蓝色球体。水，是地球表面数量最多的天然物质，覆盖了地球 70% 以上的表面积，因此地球是一个名副其实的大水球。

众所周知，水是生命的保障，力量的源泉，生命起源于水，人类的生存和发展离不开水。所以，保护水资源，是全人类共同的责任。

作为一颗蔚蓝色的行星，地球的最重要的特色之一，便是有水，因此地球素称"水球"。地表的广大面积，被水所覆盖，

主体是海洋，占地球表面积的71%。此外，还有大陆上的湖泊、河流和冰川中的水，土壤和浅部岩石的孔隙也含有一定数量的"地下水"。因此，水以液态、固态和气态三种形式，覆盖了地球3/4的面积，水分布于大气圈、水圈、地壳和生物体内，进行着物质循环。

地球全部水体的总储量为13.8亿立方千米。其中海洋为13.38亿立方千米，占总储量的96.5%；而分布在大陆上的水，包括地表水和地下水，各占余下的一半左右。在全球水的总储量中，淡水仅占2.53%，其余均为咸水。

地球表面的水，是十分活跃的。海洋蒸发的水汽，进入大气圈，经气流输送到大陆，凝结后降落到地面，部分被生物吸收，部分下渗为地下水，部分成为地表径流。地表径流和地下径流，大部分回归海洋。

地表水大部分在河流、湖泊和土壤中进行重新分配，除了回归海

洋的那部分外，有一部分储存在内陆湖泊里或形成冰川。这部分水量交换极其缓慢，周期要几十年甚至上千年。

海水是咸水，不能直接利用，所以我们通常所说的水资源，主要是指陆地上的淡水资源，如河流水、淡水、湖泊水、地下水和冰川等。陆地上的淡水资源，只占地球上水体总量的2.53%，其中大部分（近70%）是固体冰川，即分布在两极地区和中、低纬度地区的高山冰川，现在还很难加以利用。目前人类比较容易利用的淡水资源，主要是河流水、淡水湖泊水以及浅层地下水，储量约占全球淡水总储量的0.3%，只占全球总储水量的十万分之七。据研究，从水循环的观点来看，全世界真正能有效利用的淡水资源，每年约有9000立方千米。

海水淡化技术

海水淡化即海水脱除盐分变为淡水的过程。海水淡化主要方法有四种：

1. 热能法（蒸馏法和冷冻法）；

2. 机械能法（压透析法和反渗透法）；

3. 电能法（电渗析法）；

4. 化学能法（溶媒抽出法和离子交换法）。

▲　河流

水和水体是两个不同的概念。纯净的水，是由 H_2O 分子组成的，而水体则含有多种物质，其中包括悬浮物、水生生物以及基底等。水体实际上是指地表被水覆盖地段的自然综合体，包括河流、湖泊、沼泽、水库、冰川、地下水和海洋等。

河流，是指陆地表面上经常或间歇有水流动的线形天然水道。陆地上的河流，不停地进行着侵蚀、搬运、堆积等作用，改变着地貌特征。

每条河流，都有河源和河口。河源，是指河流的发源地，有的是泉水，有的是湖泊、沼泽或是冰川。各个河流的河源情况，不尽一样。河口，是河流的终点，即河流流入海洋、河流（如支流流入干流）、湖泊或沼泽的地方。

每一条河流，基本上分上、中、下游三段。通常上游流速大，冲刷占优势；中游流速减小，流量加大，冲刷、淤积都不严重，但河流两侧的侵蚀有所发展；下游流速较小，但流量大，淤积占优势，多浅滩或沙洲。

大江大河在入海处，都会分多条入海，形成河口三角洲。

我们知道，中国境内的河流众多，全国径流总量达 2.7 万多亿立方米，相当于全球径流总量的 5.8%。由于中国的主要河流多发源于青藏高原，落差很大，因此中国的水力资源非常丰富，蕴藏量达 6.8 亿千瓦，居世界第一位。

湖泊，主要通过入湖河川径流、湖面降水和地下水而获得水量。湖水水位，通常在雨季或稍后上升，而在蒸发旺季下降。以冰川融水为主要补给的湖泊，水位的变化受到热季和雨季的影响。

冰川是一种巨大的流动固体。在高寒地区，雪结晶聚积成巨大的冰川冰，在重力影响下，冰川冰开始流动，从而发展成为冰川。

冰川是地表上长期存在并能自行运动的天然冰体，由大气固体降水经多年积累而成，是地表重要的淡水资源。

冰川不同于冬季河湖冻结的水冻冰，构成冰川的主要物质是冰川冰。冰川总面积约达 1600 多万平方千米，约占地球上淡水总量的 69%。冰川所含的水量占地球上除海水之外所有水量的 97.8%。有学者认为，全世界存在着多达 7 万至 20 万个冰川。

现代冰川面积的 97%、冰量的

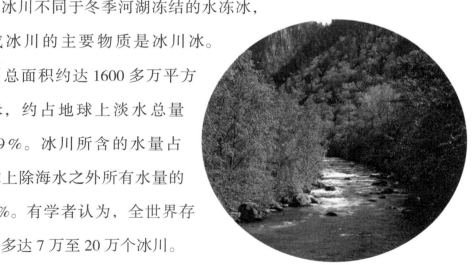

▲ 山间小河

99％为南极大陆和格陵兰两大冰盖所占有。特别是南极大陆冰盖面积，达到近 1400 万平方千米（包括冰架），最大冰厚度超过 4000 米。冰川冰虽然储藏着全球淡水量的 3/4 左右，但可以直接利用的很少。

　　冰川分为大陆冰盖（简称冰盖）和山岳冰川（又称山地冰川或高山冰川）。大陆冰盖主要分布在南极和格陵兰岛。山岳冰川则分布在中纬、低纬的一些高山上。全世界冰川面积共有 1500 多万平方千米，其中南极和格陵兰的大陆冰盖就占去 1465 万平方千米。

　　我国的冰川都属于山岳冰川，按成因又分为大陆性冰川和海洋性冰川两大类，总储量约 5.13 万亿立方米。前者占冰川总面积的 80％，后者主要分布在念青唐古拉山东段。

知识链接

冰山原理

"冰山原理"是现代美国著名作家海明威的创作方法和艺术风格。他认为：一部作品好比"一座冰山"，露出水面的是1/8，而有7/8是在水面之下，写作只需表现"水面上"的部分，而让读者自己去理解"水面下"的部分。

▲ 南极冰山

地下水，是指广泛埋藏在地表以下的各种状态的水。大气降水降落到地表后，其中一部分下渗到松散堆积物中、岩层裂缝中与洞穴中，并在其中储存起来，这就成为了地下水。地下水主要来源于大气降水，因此地下水量的多少、地下水位高低的变化主要与大气降水量及其变

▲ 地下河

化有重要联系。我国西部内陆干旱地区的山前地带也埋藏有地下水，这是由于附近的高山冰川积雪在夏季融化潜入地下形成的。

严格来说地下水分为很多类，但主要有两种：潜水和承压水。

潜水，是指埋藏在第一个隔水层之上的地下水。通常所见到的地下水多半是潜水，主要由降水和地表水入渗补给。潜水流出地面时就形成泉。由于潜水充满岩石或松散堆积物所有空隙，因而有统一的自由水面，称为潜水面。人工打井，就是打到潜水面以下。潜水面因降水量多少、降水季节变化、水位高低等而有升降变化。潜水埋藏深度因地而异。据科学家估算，全世界的地下水总量多达 1.5 亿立方千米，几乎占地球总水量的 1/10，比整个大西洋的水量还要多。

地下水与人类的关系十分密切，井水和泉水是我们日常使用最多的地下水。不过，地下水也会造成一些危害。例如，地下水过多会引起铁路、公路塌陷，淹没矿区坑道，形成沼泽地等。地下水有一个总体平衡的问题，所以不能盲目和过度开发，否则容易形成地下空洞、地层下陷等问题。

承压水是指充满于上、下两个隔水层之间的含水层，并承受一定压力的地下水。它在一定条件下，可自行喷出地表，所以承压水又叫自流水或喷泉。承压水是在岩层、岩石性质、地质构造以及地貌等因素相互配合下形成的，其中以斜向构造、盆地地貌等最重要。例如，我国四川盆地、山东淄博盆地等，都属于承压水盆地。济南有泉城之称，就是由承压水构造而形成的，它在山区接受大气降水补给，在城区则以上升泉形式涌出地表。在多数情况下，承压水埋藏较深，封存条件较好，循环交替过程较长，水质较好，一般不受气象水文条件影响，因而水量也相当稳定。承压水水量大小与补给区水源多少、承压区面积和含水层厚度密切相关。

▲ 喷泉原是一种自然景观

中国六大名泉

1. 江苏省镇江的中泠泉

2. 江苏无锡的惠云泉

3. 苏州的观音泉

4. 杭州西湖的虎跑泉

5. 山东济南的趵突泉

6. 江西庐山的招隐泉

水资源与人类的关系非常密切，人类把水作为维持生活的源泉。人类在历史发展中，总是向有水的地方集聚，并开展经济活动。随着社会的发展、技术的进步，人类对水的依赖程度越来越大。

水资源，是世界上分布最广、数量最大的资源。水覆盖着地球表面70％以上的面积，总量达 15 亿立方

千米；水资源也是世界上开发利用得最多的资源。现在人类每年消耗的水资源数量远远超过其他任何资源，全世界年用水量达 3 万亿吨。

地球上水资源的分布很不均匀，各地的降水量和径流量差异很大。全球约有 1/3 的陆地少雨干旱，而另一些地区，在多雨季节易发生洪涝灾害。例如在我国长江流域及其以南地区，水资源占全国的 82% 以上，耕地占 36%，水多地少；长江以北地区，耕地占 64%，水资源不足 18%，地多水少，粮食增产潜力最大的黄淮流域的耕地占全国的 41.8%，而水资源不到 5.7%。

我国水资源总量虽然较大，但人均占有量并不多。水资源的特点，是地区分布不均，水土资源组合不平衡；年内分配集中，年际变化大；连丰连枯情况比较突出；河流的泥沙淤积严重。这些特点造成了我国容易发生水旱灾害，水的供需产生矛盾。这也表明了我国对水资源的开发利用、江河整治的任务十分艰巨。

知 识 链 接

中国最高和最深的湖泊

西藏的纳木错，湖面高程为 4718 米，在全球湖面积为 1000 平方千米以上的湖泊中是海拔最高的湖泊。位于白头山上的天池（中朝界湖），水深达 373 米，是中国最深的湖泊。

▲ 天湖纳木错

2. 水的作用

水对气候的影响

我们知道，水对气候具有调节作用。大气中的水汽能阻挡地球辐射量的 60%，保护地球不致冷却。海洋和陆地水体，在夏季能吸收和积累热量，使气温不致过高；在冬季则能缓慢地释放热量，使气温不致过低。此外，在自然界中，由于不同的气候条件，水还会以冰雹、雾、露水、霜等形态出现，并影响气候和人类的活动。

水对地理的影响

众所周知，地球表面的 71% 被水覆盖，表层的水体构成了水圈，水圈以海洋、河流、湖泊、沼泽、冰川、积雪、地下水和大气中的水等形式存在着。

水深刻地影响着地球的地理特征。水侵蚀岩石土壤，冲淤河道，搬运泥沙，营造平原，改变着地表形态。

水对生命的影响

据科学研究，地球上的生命最初是在水中出现的。水是所有生命体的重要组成部分。

水是维持生命必不可少的物质，在人体中水占体重的 70%。人对饮用水还有质的要求，如果水中缺少人体必需的元素或含有某些有害物质，或水质遭到污染，达不到饮用要求，就会影响人体健康。

水中生活着大量的水生植物等水生生物。水有利于体内化学反应的进行，在生物体内还起到运输物质的作用，对于维持生物体温度的稳定起到很大作用。

■ 3. 水资源的保护 ■

尽管地球上的水数量巨大，而能直接被人们生产和生活利用的却少得可怜。首先，海水又咸又苦，不能饮用，不能浇地，也难以用于工业。其次，地球的淡水资源仅占其总水量的 2.5%，而在这极少的淡水资源中又有 70% 以上被冻结在南极和北极的冰盖中，加上难以利用的高山冰川和永冻积雪，有 87% 的淡水资源难以利用。人类真正能够利用的淡水资源是江河湖泊和地下水中的一部分，约占地球总水量的 0.26%。全球淡水资源，不仅短缺而且地区分布极不平衡。约占世界人口总数 40% 的 80 个国家和地区严重缺水。目前，全球 80 多个国家的约 15 亿人口面临淡水不足，其中 26 个国家的 3 亿人口完全生

▲ 被污染的水

活在缺水状态。预计到 2025 年，全世界将有 30 亿人口缺水，涉及的国家和地区达 40 多个。21 世纪，水资源正在变成一种宝贵的稀缺资源，水资源问题已不仅仅是资源问题，更成为关系到国家经济、社会可持续发展和长治久安的重大问题。

▲　湖泊

我国对水资源的开发利用、江河整治的任务十分艰巨。长期以来受"水资源取之不尽，用之不竭"的传统价值观念影响，水资源被长期无偿利用，导致人们的节水意识低下，造成了巨大的水资源浪费和水资源非持续开发利用。水资源日益短缺，合理开发、利用水资源，保护生态环境，维护人与自然的和谐，已经成为 21 世纪人类共同的使命。

水资源危机，将会导致生态环境的进一步恶化。为了取得足够的水资源供给社会，必将加大水资源开发力度。水资源过度开发，可能导致一系列的生态环境问题。水污染严重，既是水资源过度开发的结果，也是进一步加大水资源开发力度的原因，两者相互影响，形成恶性循环。

总之，水是生命的源泉，水似乎无处不在，然而饮用水短缺，却威胁着人类的生存。许多科学家预言：水在 21 世纪将成为人类最缺乏的资源。正如人们所希望的，不要让人类的眼泪成为地球上最后一滴水。

第六节　珍视地球的馈赠——矿产资源

1. 矿产及其分类

矿产资源既是地球赋予人类的宝贵财富，又是人类社会赖以生存和发展的基础和前提，因此我们要合理地利用并保护好矿产资源。

矿产资源，是指经过地质成矿作用，使埋藏于地下或出露于地表并具有开发利用价值的矿物或有用元素的含量达到具有工业利用价值的集合体。

矿产资源，是重要的自然资源，是社会生产发展的重要物质基础。现代社会人们的生产和生活，都离不开矿产资源。矿产资源属于非可再生资源，其储量是有限的。目前世界已知的矿产有 1600 多种，其中 80 多种应

▲　矿产开采

用较广泛。

目前我国已发现矿种 171 个，可分为能源矿产（如煤、石油、地热）、金属矿产（如铁、锰、铜）、非金属矿产（如金刚石、石灰岩、黏土）和水气矿产（如地下水、矿泉水、二氧化碳气）四大类。

按其特点和用途，矿产通常分为金属矿产、非金属矿产和能源矿产三大类。

金属矿产有黑色金属、有色金属、贵金属、稀有金属、稀土金属矿产。

黑色金属矿产有铁、锰、铬、钛、钒等 22 种矿产；有色金属矿产有铜、铅、锌、铝、锡等 13 种矿产；贵金属矿产有金、银、铂等 8 种矿产；稀有金属矿产有锂、铍、锆、锶等 8 种矿产；稀土金属矿产有硒、镉等 20 种矿产。

▲　石油开采

非金属矿产：化工原料非金属、建材原料非金属矿产。

化工原料非金属矿产有硫、磷、钾、盐、硼等 25 种矿产；建材原料非金属矿产有金刚石、石墨、石棉、云母、水泥、玻璃、石材等 100 多种矿产。

能源矿产有石油、天然气、煤、核能、地热等 9 种。

矿产，是发展采掘工业的物质基础。矿产资源的品种、分布、储量，决定着采矿工业可能发展的部门、地区及规模；其质量、开采条件及地理位置，直接影响矿产资源的利用价值、采矿工业的建设投资、劳动生产率、生产成本及工艺路线等，并对以矿产资源为原料的初加工工业（如钢铁、有色金属、基本化工和建材等）以至整个重工业的发展和布局有重要影响。矿产资源的地域组合特点影响地区经济的发展方向与工业结构特点。矿产资源的利用与工业价值，同生产力发展水平和技术经济条件有紧密联系。随着地质勘探、采矿和加工技术的进步，对矿产资源利用的广度和深度将不断扩大。

2. 我国矿产资源的利用与保护

矿产资源是不可再生的自然资源，必须倍加珍惜、合理配置，高效益地开发利用。我国矿产资源总量丰富，但人均占有量不到世界平均水平的一半。当前，经济建设中 95% 的能源和 80% 的工业原料，依赖矿产资源供给。我国矿产资源已探明的储量已显不足，进入 21

世纪后，保证经济可持续发展的矿产资源将更加严重不足。与此同时，中国矿产开发存在不少问题，如资源综合开发、综合利用水平不高，从而加剧了矿产资源的供需矛盾。这反映了开源和节流两方面的工作，均需要加强。因此必须在加强矿产地质勘察工作、增加矿产资源探明储量的同时，把"保护矿产资源，节约、合理利用资源"的基本国策真正落实，并长期坚持下去，使公众了解到合理开发利用矿产资源对经济、社会协调发展的重要性。

不合理开采矿产资源，不仅造成矿产资源的损失和浪费，而且极易导致生态环境的破坏。据统计，我国因大规模的矿产采掘，产生的废弃物的乱堆乱放，造成压占、采空塌陷等，损毁土地面积已达 200 万公顷，现每年仍以 2.5 万公顷的速度发展。与此同时，也带来了对大气、水体、土壤的污染，加剧了水土流失，容易诱发塌陷、滑坡、泥石流等地质灾害。因此，有效地抑制矿产资源的不合理开发，减少矿产资源开采中的环境代价，已成为我国矿产资源开发利用中的紧迫任务。

我国矿产资源虽然

▲　天然气资源

总量丰富，但人均占有量不足，仅为世界人均水平的58%。同时存在三个突出问题：一是支柱性矿产（如石油、天然气、富铁矿等）后备储量不足，而储量较多的则是部分用量不大的矿产（如钨、锡、钼等）；二是小矿床多，大型、特大型矿床少，支柱性矿产贫矿和难选冶矿多，富矿少，开采利用难度很大；三是资源分布与生产力布局不匹配。

我国的能源资源中，属于不可更新资源的主要有煤、石油和天然气等。总的来看，这些资源还是比较丰富的，但人均占有量不多，尤其是石油资源更显得不足，供求关系紧张，满足迅速发展的国民经济需要还有一定的困难。煤炭、石油、天然气这些一次性能源，目前是我国最现实的能源。我国能源探明储量中煤炭占94%，石油占5.4%，天然气占0.6%。这种富煤、贫油、少气的能源资源特点，决定了我国能源生产以煤为主的格局长期不会改变。目前，我国能源利用的现状是，一次性能源比例巨大，替代能源较少，煤炭在我国一次性能源的消费中占70%左右，75%的工业燃料和动力、85%的城市民用燃料都由煤炭提供。因此，在可以预见的未来较长时期内，煤炭在国民经济中的地位不可替代。

▲ 天然气运输

从能源利用效率来看，我国仍

然处于粗放型增长阶段。矿产资源开发破坏严重，地方性开采比比皆是，利用浪费惊人。我国钢铁、水泥等主要原材料的物耗比发达国家高 5~10 倍。

中国对国外资源的依存度日益提高。截至 2010 年，中国大部分重要矿产资源都要依赖进口。

我们仍未摆脱传统的高投入、高消耗、高污染、低效益的发展模式。一方面是资源匮乏，一方面是资源利用效率极低。在人均资源相对短缺的条件下建设小康社会，我们必须走资源节约型的道路。

一方面，从资源的人均占有量来说，我国又是一个资源相对贫乏的国家；另一方面，我国资源的生产力和资源效益低，多种矿产资源品位和回采率低。所以，随着我国社会主义现代化建设事业的发展和人口的增长，经济发展与人口、资源的矛盾越来越尖锐。根据这样的国情，需要切实加强对资源的统筹规划、合理开发、节约利用和有效保护，把合理开发利用和保护资源作为我国社会经济发展的一项重大战略决策。

第七节　看护好地球的母体——海洋资源

■ 1. 认识海洋 ■

当飞上太空的宇航员，回眸我们所赖以生存的地球时，他们发现，从太空俯瞰地球，地球是茫茫宇宙中一颗美丽的星球，一颗蔚蓝色的"水球"。

地球表面占绝大多数面积的是海洋。地球的表面积为 5.1 亿平方千米，其中海洋面积就占了 3.62 亿平方千米，而陆地面积仅占 1.48 亿平方千米。

海洋，是指连绵不绝的盐水水域，分布于地表的巨大盆地中。整个地球上的海洋是连成一体的，海洋的总面积为 3.62 亿平方千米，大

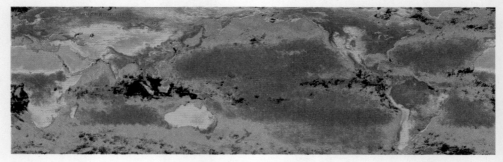

▲　全球海洋示意图

约占地球表面积的 70.9%。海洋中含有 13.5 亿立方千米的水，约占地球上总水量的 97.5%。

全球海洋，一般被分为数个大洋和面积相对较小的海。四个主要的大洋为太平洋、大西洋、印度洋、北冰洋，大部分以陆地和海底地形线为界。将南极海的相应部分包含在内，太平洋、大西洋和印度洋分别占地球海水总面积的 46%、24% 和 20%。重要的边缘海，多分布在北半球，它们部分被大陆或岛屿包围。最大的是北冰洋及其近海，其他的还有加勒比海及其附近水域、地中海、白令海、鄂霍次克海、黄海、东海和日本海。

广阔的海洋，从蔚蓝到碧绿，美丽而又壮观。通常我们都把海和洋并称为海洋，实际上，海和洋是不一样的，它们之间有着不同的地方，却又相互联系。

洋，是海洋的中心部分，是海洋的主体。世界大洋的总面积约占海洋面积的 89%。大洋的水深，一般在 3000 米以上，最深处可达 1 万多米。大洋离陆地遥远，不受陆地的影响，它的水文和盐度的变化不大。每个大洋都有自己独特的洋流和潮汐系统。大洋的水色蔚蓝，透明度很大，水中的杂质很少。

▲ 海洋

海，在洋的边缘，是大洋的附属部分。海的面积约占海洋的11%，海的水深比较浅，平均深度从几米到两三千米。海临近大陆，受大陆、河流、气候和季节的影响，海水的温度、盐度、颜色和透明度都受陆地影响，有明显的变化。夏季，海水变暖；冬季，水温降低，有的海域海水还要结冰。在大河入海的地方，或多雨的季节，海水会变淡。由于受陆地影响，河流夹带着泥沙入海，近岸海水混浊不清，海水的透明度差。海没有自己独立的潮汐与海流。海，可以分为边缘海、内陆海和地中海。边缘海既是海洋的边缘，又是临近大陆前沿；这类海与大洋联系广泛，一般由一群海岛把它与大洋分开。我国的东海、南海就是太平洋的边缘海。内陆海，即位于大陆内部的海，如欧洲的波罗的海等。地中海是几个大陆之间的海，水深一般比内陆海深些。世界主要的海接近50个，太平洋拥有海最多，大西洋次之，印度洋和北冰洋差不多。

▲ 海洋生物

洋流，又称海流，是指海洋中海水沿一定途径的大规模流动的现象。风力和海水密度分布不均，是引起海流运动的主要原因。此外，岛屿、大陆的海岸和地球的自转，对海流也有一定影响。

洋流，是地球表面热环境的主要调节者。洋流，可以分为暖流和寒流。一般由低纬度流向高纬度的洋流为暖流，由高纬度流向低纬度的洋流为寒流。

洋流按成因分为风海流、密度流和补偿流。由盛行风推动海水漂流，形成规模很大的洋流，叫作风海流。世界大洋表层的海洋系统，大多属于风海流。由海水密度的差异造成的海水流动，这种洋流是密度流。当某一海区的海水减少时，相邻海区的海水便来补充，这样形成的洋流是补偿流。

海流，对海洋中多种物理过程、化学过程、生物过程和地质过程，以及海洋上空的气候和天气的形成及变化，都有影响和制约的作用。暖流对沿岸气候有增温增湿作用，寒流对沿岸气候有降温减湿作用。寒暖流交汇的海区，海水受到扰动，容易形成大规模渔场。海轮顺洋流航行，可以节约燃料，加快速度。但洋流形成的海雾及其携带的冰山，给海上航运造成较大威胁。洋流还可以把近海的污染物质携带到其他海域，有利于污染的扩散，加快净化速度。

比较有名的墨西哥湾洋流，最狭窄处也宽达 25 千米，流动时速

可达 9.5 千米，沿北美洲海岸北上，横过北大西洋，调节北欧的气候。北太平洋海流是一道类似的暖流，从热带向北流，提高北美洲西岸的气温。壮观的海浪在广阔的海洋上，波浪不断地翻滚，有时波平如镜，有时却巨浪滔天。除了那些由地震或火山爆发造成的波浪外，波浪多半是由吹过海面的风引起的。远处暴风雨所搅起的波浪，可能移动数百千米才抵达岸边。

由于太阳和月亮引力的作用，海面会出现周期性的升降、涨落与进退的现象，这样的自然现象就是潮汐。古代称白天的潮为"潮"，晚上的为"汐"，合称为"潮汐"。海洋的潮汐可以用来为人类服务，如发电等。

■ 2. 海洋资源的种类 ■

因为海洋中有丰富的资源和能源，所以海洋被誉为人类未来的希望。海洋中，有多种多样的自然资源，在当今全球各种资源供应紧张与人口猛增的矛盾日益突出的情况下，开发利用海洋中的丰富资源已

是历史发展的必然趋势。具体地说,丰富的海洋资源主要有以下几类:

（1）海洋石油、天然气资源

海洋中有丰富的油气资源。据测算,全世界海洋石油可采储量为 135 万亿千克。据专家统计,世界有油气的海洋沉积盆地面积有 2639.5 万平方千米。目前世界最著名的海上产油区,有波斯湾、委内瑞拉的马拉开波湖、欧洲的北海和美洲的墨西哥湾,称为四大海洋石油区。海上天然气的储量,以波斯湾为第一,北海为第二,墨西哥湾为第三。·

最近,科学家们发现,在海洋深处有大量高压低温条件下形成的水合甲烷,即"可燃冰",是地球上蕴藏的石油、天然气总和的若干倍,是非常宝贵的能源。

（2）海洋能源

海洋中蕴藏着潮汐能、波浪能、海流能和温差能等多种自然能源。海洋能分布广、蕴藏量大、可再生、无污染,21 世纪将进入大规模开发阶段。据联合国教科

▲ 水电站

文组织估计，全世界海洋能总量为766亿千瓦，技术上容易利用。世界上最早使用波能发电机的国家是日本，其航标灯和灯塔上的波力发电机已经实用化了。据国家海洋局提供的消息，我国将在舟山市岱山海域建成世界首座潮流电站。

知识链接

可燃冰

自20世纪60年代以来，人们陆续在冻土带和海洋深处发现了一种可以燃烧的"冰"，那就是可燃冰。可燃冰是一种天然气水合物，是一种白色固体物质，外形像冰，有极强的燃烧力，可作为上等能源。由于其主要由水分子和烃类气体分子（主要是甲烷）组成，所以也称它为甲烷水合物。

（3）国际海底区域的多金属结核资源

据专家调查分析，在海洋中，除了海底表层有各种矿产资源外，在 2000~6000 米深的海底区域也蕴藏着丰富的锰、镍、钴、铜等金属结核资源，其资源总量大约有 7000 万亿千克。在太平洋区域内，约 885 万平方米有多金属结核分布，资源总量约有 3000 万亿千克。位于国际海底区域的多金属结核资源，属于全人类的财富。这些资源的勘探开发，由专门设立的国际海底管理局负责管理。《联合国海洋公约》确定的国际海底开发制度，是"平行开发制度"。即一方面，由国际海底管理局的企业部直接进行开发；另一方面，由各缔约国及其公司通过与管理局签订的合同进行开发。

（4）海水资源

我们知道，海洋是由巨量的水质组成的，全球海洋的总水量为 13.7 亿立方米。海水中有大量的盐类，据估计其总量可达 50 万亿千克。海水中测定或估计出含量的，有 80 余种元素。人们利用海水生产食盐，提取氯化镁、硫酸钠、氯化钙、氯化钾等。海水的淡化技术也在日趋成熟，海水淡化将成为一项重要的海水资源开发事业。目前已有 60 多个国家，在 300 多个近岸工厂中，利用海水生产食盐、镁盐、溴、

重水及淡水等。海水中的重水是控核聚变发电的能源，是新一代主体能源，意义重大。而且深海中重水储量十分巨大，对人类未来具有重大价值。

（5）海洋生物资源

海洋中的生物资源极其丰富，地球生物的80%生活在海洋中。据统计，海洋中生物共约20万种。海洋中鱼类约有近万种，大陆架是主要的渔业基地，占世界捕鱼量的80%以上；海洋中甲壳类动物，共有2.5万多种；藻类约1万多种，其中人类可以食用的海藻有70多种。现在人们已经知道，海洋中的230多种海藻含有各种维生素，240多种生物含有抗癌物质。软体动物也是海洋生物中种类最繁多的一个门类，其中许多种类具有重要的经济价值。随着人们对海洋研究的深入，海洋将为人类提供更多的食物及药物。

（6）港口资源

全世界沿海国家有许多适合建港的岸线和海湾，历来被认为是十分宝贵的资源。有许多港湾资源受到重视并被开发利用，促进了海洋交通运输的发展及国际经济贸易往来。

▲ 繁忙的港口

（7）海洋空间资源

海洋覆盖地球 2/3 以上的表面积，拥有广阔的空间资源。它不仅能为海洋生物提供生存空间，也许将来它还会为人类生存提供空间。随着地球人口的增加，人们将不得不对海洋空间资源进行开发。也许将来用铝、镁等轻型合金建造的人类住房——三维高层建筑，会屹立在海面之上，人类会在海洋上空建造出更具现代化的空间城市。

3. 海洋资源的保护和利用

海洋是货物与商品运输的主要载体，也是地球物质资源最丰富的宝库，海洋资源具有巨大的开发潜力。蓝色海洋，将是未来人类生存所需的食品生产基地、原料供应基地和生活发展空间，是人类可持续发展的物质基础。随着陆地资源的日趋枯竭，人类的生存和发展将越来越多地依赖海洋。

海洋还是地球上决定气候发展的主要因素之一。海洋本身是地球表面最大的储热体。海流是地球表面最大的热能传送带。海洋与空气之间的气体交换，对气候的变化和发展有极

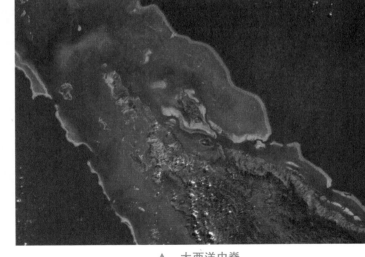

▲ 大西洋中脊

大的影响。如飓风就是在海洋上空由海洋的蒸汽形成的。

海洋有时也会发威，会给人类带来严重的灾害。

海洋灾害主要有灾害性海浪、海冰、赤潮、海啸和风暴潮、龙卷风。同时，一些海洋与大气相关的灾害性现象还有"厄尔尼诺现象""拉尼娜现象"和台风等。

海啸，是一种具有强大破坏力的海浪。这种波浪运动引发的狂涛骇浪高度可达数十米。这种"水墙"内含极大的能量，冲上陆地后所向披靡，势不可当，往往会对人类的生命和财产带来严重的威胁和损失。

2004 年 12 月 26 日，在印度洋板块与亚洲板块交界处的苏门答腊岛，发生了世界近200多年来死伤最惨重的海啸灾难——印度洋海啸。

▲ 印度洋的海啸

这场突如其来的灾难是由印度尼西亚海域的里氏9.0级地震引发的，给印尼、斯里兰卡、泰国、印度、马尔代夫等国造成了巨大的人员伤亡和财产损失。

到第二年 2 月 4 日为止的统计数据显示，印度洋大地震和海啸已经造成近 30 万人死亡或者失踪。

海啸形成的条件

引起海啸的海底地震震源较浅，一般要小于 20~50 千米；震级一般在里氏 6.5 级以上；必须有海底的大面积垂直运动；发生海底地震的海区要有一定的水深，尤其是横跨大洋的大海啸一般水深都在 1000 米以上。

所谓海洋资源的可持续利用，是指在海洋经济快速发展的同时做到科学合理地开发利用海洋资源，不断提高海洋资源的开发利用水平及能力，力求形成一个科学合理的海洋资源开发体系；通过加强海洋环境保护、改善海洋生态环境，来维护海洋资源生态系统的良性循环，实现海洋资源与海洋经济、海洋环境的协调发展，确保海洋资源生态环境的永续发展。

世界上多数沿海地带，因国际交流之便，而成为经济、科技和文化中心。世界上 3/4 的大城市、70％的工业资本集中在沿海地区。海洋对我国东部沿海地区的经济社会发展也起到巨大作用。沿海地区也是人类生活生产的最佳场所，全世界 60％的人口居住在距海岸 100 千米的地区。中国是世界上人口最多、人均土地资源匮乏的国家，在合理利用陆地资源的同时，必须高度重视开发利用海洋资源。我国属于海洋大国，海域蕴藏着丰富的资源，制订合理的海洋发展战略，积极开发利用海洋资源，对我国经济社会可持续发展具有重要意义。

我国政府一贯主张：沿海经济发展与海洋环境保护相协调；保护海洋环境，是全人类的共同任务；加强国际合作，要以尊重国家主权为基础；处理海洋环境问题，应当兼顾各国现实的实际利益和世界的长远利益。中国在采取一系列措施保护沿海和海洋环境的同时，积极参与海洋环境保护的国际合作，为保护全球海洋环境这一人类共同事业进行了不懈的努力。《中国21世纪议程》指出，要重点强化海洋生物资源管理，最终实现海洋渔业资源的可持续利用和保护；建立大海洋生态系监测与保护体系和环境预报服务体系；建立布局合理的自然保护区网，并加入国际海洋自然保护区网络，在维护海洋生物多样性的同时，提高沿海居民生活水准，开展大洋、极地海洋生物资源调查研究，开发利用和保护公海生物资源。为防止海洋生态系的退化，维持资源的可持续利用，必须加

▲ 海洋保护区

强生物物种和生态环境的保护，有计划地建立相当规模和数量的海洋自然保护区、保留区，形成区域性、国际性海洋自然保护区网，采取适当措施保护海洋生物多样性；改善及完善各种有效的开发利用技术措施，合理利用经济鱼类；完善海洋生物资源保护法规体系，加强资源开发利用管理；加强国际合作和区域合作，维护海洋生态系的良好状态，形成养护、研究和管理的国际合作机制。

海洋和海洋资源具有一定的公有性，因此许多海域和海洋资源各国都可以利用。世界海洋总面积的35.8％，以领海大陆架的200海里专属经济水域的形式，划归沿海国家管辖，其他64.2％的区域仍为世界公有。在划归沿海国家管辖的水域内，船舶航行仍是自由的，因此也具有公有性质。即使是各国的领海，其他国家的船舶也有无害通过的自由。公海和国际海底的资源是世界公有的，各国都有权开发利用。各国通过交纳一定的养护费，可以获得别国管辖海域渔业资源的捕捞权，内陆国可以在沿海国管辖海域内获得一定数量的剩余捕捞量。这些规定与陆地资源利用存在很大差别。因此，海洋资源的可持续开发利用必须树立全球意识，加强国际合作。

知 识 链 接

公 海

1982年《联合国海洋法公约》规定：公海是不包括在国家的专属经济区、领海或内水或群岛国的群岛水域以内的全部海域。公海供所有国家平等地共同使用。它不是任何国家领土的组成部分，因而不处于任何国家的主权之下；任何国家不得将公海的任何部分据为己有，不得对公海本身行使管辖权。

第八节 留住地球的"外套"——气候资源

1. 气候的基本概念

地球的周围包围着一层厚厚的大气，大气为人类的生存提供了可靠的保障。

在气态物质中，氮气占去大半部分（78.08%），其次是氧气（20.94%），再次是氩气（0.93%），还有少量的二氧化碳、稀有气体和水蒸气。

气候，是包围地球的大气圈的物理化学性质的总称，属于客观存在的自然现象的一部分。

气候环境，则是对人类有影响的那一部分大气的性质的总称。

气候与气候环境，在现代并不明显存在着整体与部分的差别，而只存在着概念上的差别。

气候资源，则指能为人类合理利用的气候条件（如光能、热能、水分、风等），是一种十分宝贵的可再生自然资源，是未来人们可开发利用的丰富、理想的资源。只要保护好这种资源，就可以取之不尽、用之不竭。

气候资源与其他资源不同，不能进入市场交易。在各种自然资源中，气候资源最容易发生变化，且变化最为剧烈。有利的气候条件有助于生产力的发展，是资源；不利的气候条件则破坏生产力，是灾害。但在时空分布上，自然资源具有不均匀性和不可取代性。所以对一地的气候资源，要从实际出发，正确评价，才能得到合理的开发利用。

2. 气候的功能

（1）生命物质的循环

大气是地球上生命物质的源泉。通过生物的光合作用（从大气中吸收二氧化碳，放出氧气，制造有机质），大气进行着氧和二氧化碳的物质循环，并维持着生物的生命活动。没有大气就没有生物，没有生物也就没有今日的世界。

（2）水的循环

地球表面的水，通过蒸发进入大气，水汽在大气中凝结，以降水的形式降落地表。这个水循环过程往复不止，所以地球上始终有水存在。如果没有大气，地球上的水就会蒸发掉，变成一个像月球那样的干燥星球。如果没有水分，自然界就会没有生机，也就会没有当今的世界。

（3）地球的"棉被"

大气层又保护着地球的"体温"，使地表的热量不易散失，同时通过大气的流动和热量交换，使地表的温度得到调节。

大气的水热状况，又可以影响一个地区的气候的基本特征，进而决定该地区的水文特点、地貌类型、土壤发育和生物类型，从而对地球表面的整个自然环境的演化进程起着重要作用。

另外，大气还可让人类免受宇宙星体的撞击。例如，陨石冲击地球时的速度是非

▲ 沼气

常快的，如果没有厚厚的大气将其燃烧掉，后果将是不堪设想的。大气还能吸收各种宇宙射线，从而保护地球上的生物的安全。

（4）地表的"雕塑家"

大气中含有细微的岩屑和水汽，而地壳岩石和水体中也有空气存在，它们是互相渗透和互相影响的。大气中的氧和碳酸气，大气的湿度变化以及风雨等，都直接作用于地表的岩石，所以大气的活动对地壳岩石的形成和破坏均有影响。

（5）人类的"晴雨表"

人们生活在大气层的底部，大气中的四季更替、风霜雨雪都对人体产生各种影响，以至于引起疾病。其中，有些是气候条件直接或间接致病的，例如中暑、冻伤、感冒，以及慢性支气管炎、关节病、心脑血管病等。此外，高山反应、空调病、风扇病等，也与气候有关。当然，恰当利用气候条件，也能防病治病。如利用气候条件可作为锻

▲ 大气层

▲ 雪山美景

炼身体的手段——登山、冬泳、滑冰、滑雪等，以增强体质。气候疗养，如沙疗、日光浴、空气浴、冷水浴等防病治病的方式，已被越来越多的人接受。天气预报中，诸如穿衣指数、登山指数等内容，对人们合理利用气候资源、防病健身起到了指导作用。人类也是喜光动物，我们经常晒太阳，和我们的居室内有较好的日照有关，太阳不仅可以杀灭病菌，减少疾病，还可以帮助对钙等微量元素的吸收，提高体质。所以，在进行城镇规划和建筑设计时，就要考虑如何充分利用光照资源的问题。人们合理地利用气候资源，开展体育运动，举办大型体育运动会，更要考虑气候条件，这已是众所周知的事情。体育气象专家研究总结了各种气候要素对20种体育运动比赛的影响，风、气温、降水、雾和气压等对运动员的体能和成绩影响最大，因而东道主有义务向所有参赛者提供比赛地点的气候背景资料，并在运动会进行当中及时提供天气预报服务。我国这方面的专家，经过对历届奥运会气候条件的分析研究得出，北京金秋气候条件在历届奥运会中是一流的，为北京申办奥运会作出了贡献。

3. 气候资源的利用和保护

我们知道，大气降水过多或过少，都会带来灾害，对人类的生产和生活都有着重要的影响。降水过少会形成旱灾，降水过多又会形成洪涝灾害，尤其会对农业生产和生活造成极为不利的影响和破坏。

大气是看不见摸不到的，是地球的隐形"外套"。清洁的空气，是人类赖以生存的必要条件之一。一个人可以很长时间不喝水不吃饭，但超过5分钟不呼吸空气，就会死亡。尽管大气有自净能力，但随着工业及交通运输业的不断发展，大量的有害物质被排放到大气中，使空气受到了严重的污染。

凡是能使空气质量变坏的物质，都是大气污染物。目前已知的大气污染物约有100多种，包括自然因素（如森林火灾、火山爆发等）和人为因素（如工业废气、生活燃煤、汽车尾气、核爆炸等）两种，且以后者为主，尤其是工业生产和交通运输所造成的污染。

大气污染，不但危害人体健康，而且对动植物的生长和发育，也会产生负面作用；大气污染，还可造成酸性降雨，对农林牧业和水产养殖业产生不利的影响。同时，大气污染对全球气候也产生了影响，减弱太阳辐射，破坏高空臭氧层，危及人类和生物的安全。

大气污染的主要过程，由污染源排放、大气传播、人与物受害这三个环节所构成。影响大气污染范围和强度的因素，有污染物的性质

（物理的和化学的）、污染源的性质（源强、源高、源内温度、排气速率等）、气象条件（风向、风速、温度层结等）、地表性质（地形起伏、粗糙度、地面覆盖物等）。

防治大气污染的方法很多，但最根本的途径是改革生产工艺，综合利用，将污染物消灭在生产过程之中。

另外，防治大气污染还要全面规划、合理布局，减少居民稠密区的污染；在高污染区，限制交通流量；选择合适的厂址，设计恰当的烟囱高度，减少地面污染；在最不利的气象条件下，采取措施，控制污染物的排放量。

知 识 链 接

为什么月球没有水

月球的质量太小，于是没有足够的引力，不能吸引到大气层。即使从前月球上有水和空气，因为没有大气层的保护，所有的水分也早已蒸发掉了。

第三章

营造和谐的人类家园——
自然资源知识篇

第一节 大气的破坏问题

■ 1. 为什么说臭氧层是地球"母亲"的保护伞 ■

臭氧，是地球大气层中的一种蓝色的、有刺激性的微量气体，是平流层大气的最关键组成组分。大气中 90% 的臭氧集中在距地球表面 10~50 千米的高度范围内，分布厚度约为 10~15 千米。尽管臭氧层在地球表面并不太厚，在大气层中只占百万分之几，却吸收了来自太阳 99% 的高强度紫外辐射，保护了人类和生物免遭紫外辐射的伤害。因此，可以毫不夸张地说，地球上的一切生命就像离不开水和氧气一样，也离不开大气的臭氧层，大气臭氧是地球上一切生灵的保护伞。

▲ 地球臭氧层示意图

1984 年，英国科学家法尔曼等人在南极哈雷湾观测站发现：在过去 10~15 年间，每到春天，南极上空的臭氧浓度就会减少约 30%，极地上空的中心地带有近 95% 的臭氧被破坏。从地面上观测，高空的臭氧层已极其稀薄，与周围相比，像是形成一个"洞"，

"臭氧洞"由此而得名。这是人类历史上第一次发现臭氧空洞。当时观察此洞覆盖面积，只有美国的国土面积那么大。随着臭氧空洞越来越大，其危害越来越严重，已经逐渐引起了全世界的重视。

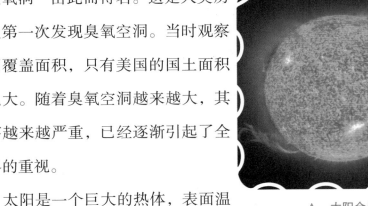

▲ 太阳全景

太阳是一个巨大的热体，表面温度高达6000℃，是地球取之不尽的能量来源。但太阳辐射的紫外光中有一部分能量极高，如果到达地球表面，就可能对地球生物的生存造成无法挽回的影响。然而，自然的力量，改变了这一过程。地球的大气层就像一个过滤器、一把保护伞，将太阳辐射中的有害部分阻挡在大气层之外，使地球成为人类可爱的家园。而完成这一工作的，就是今天已经妇孺皆知的"臭氧层"。

▲ 海上日出

臭氧层损耗是臭氧空洞的真正成因，那么，臭氧层是如何耗损的呢？原来，人类活动排入大气中的一些物质进入平流层，与那里的臭氧发生化学反应，就会导致臭氧耗损，使臭氧浓度减少。

人为消耗臭氧层的物质主要有：广泛用于冰箱和空调制冷、泡沫塑料发泡、电纳米的烷烃（又称 Halons 哈龙）等化学物质。消耗臭氧层的物质，在大气的对流层中是非常稳定的，可以停留很长时间。因此，这类物质可以扩散到大气的各个部位，但是到了平流层后就会在太阳的紫外线辐射下发生光化反应，释放出活性很强的游离氯原子或溴原子，参与导致臭氧损耗的一系列化学反应。

由于臭氧层中臭氧的减少，照射到地面的太阳光紫外线增强，其中波长为 240~329 纳米的紫外线，对生物细胞具有很强的杀伤作用，对生物圈中的生态系统和各种生物，包括人类，都会产生不利的影响。

臭氧层破坏以后，人体直接暴露于紫外辐射的机会大大增加，这将给人体健康带来不少麻烦。首先，紫外辐射增强，使患呼吸系统传染病的人增加；其次，受到过多的紫外线照射，还会增加皮肤癌和白内障的发病率。此外，强烈的紫外辐射，促使皮肤老化。

臭氧层破坏，对植物也会产生难以确定的影响。一般说来，紫外辐射增加会使植物的叶片变小，因而减少获得阳光的有效面积，对光合作用产生影响。对大豆的

▲ 紫外线照射

研究初步结果表明，紫外辐射会使其更易受杂草和病虫害的损害。臭氧层厚度如果减少25％，可使大豆减产20％~25％。紫外辐射的增加，对水生生态系

统也有潜在的危险。紫外线的增强，还会使城市内的烟雾加剧，使橡胶、塑料等有机材料加速老化，使油漆褪色，等等。

氟利昂是杜邦公司于20世纪30年代开发的一个引为骄傲的产品，被广泛用于制冷剂、溶剂、塑料发泡剂、气溶胶喷雾剂及电子清洗剂等。哈龙在消防行业也发挥着重要作用。

当人类活动已经造成臭氧层严重损耗的时候，人类的"补天"行动非常迅速。我国早于1989年就加入了《保护臭氧层维也纳公约》，先后积极派团参与了历次的《保护臭氧层维也纳公约》和《关于消耗臭氧层物质的蒙特利尔议定书》缔约国会议，并于1991年加入了修正后的《关于消耗臭氧层物质的蒙特利尔议定书》。我国还成立了保护臭氧层领导小组，开始编制并完成了《中国消耗臭氧层物质逐步淘汰国家方案》。根据这一方案，我国已于1999年7月1日冻结了氟利昂的生产，并于2010年前全部停止生产和使用所有消耗臭氧层的物质。

2. 全球变暖的温室效应是怎么回事

二氧化碳能使太阳光顺利到达地面，却不让地球表面受辐射时产生的热散发出去，使地球变成了一个气温不断增加的"大温室"。

自工业革命以来，工业生产和自然过程向大气释放 200 万亿千克二氧化碳，大气中的二氧化碳浓度已比 200 年前增长约 20%，而最近 25 年中增长 8%。这种增长势头仍在继续。

温室效应，又称"花房效应"，是大气保温效应的俗称。大气能使太阳短波辐射到达地面，但地表向外放出的长波热辐射线却被大气吸收，这样就使地表与低层大气温度增高。因其作用类似于栽培农作物的温室，故名温室效应。如果大气不存在这种效应，那么地表温度将会下降约 330℃ 或更多。反之，若温室效应不断加强，全球温度也必将逐年持续升高。

▲ 大棚养植

温室效应会带来以下几种严重恶果：①地球上的病虫害增加；②海平面上升；③气候反常，海洋风暴增多；④土地干旱，沙漠化面积增大。

科学家预测：如果地球表面温度的上升按现在的速

度继续发展，到 2050 年全球温度将上升 2℃~4℃；南北极地冰山将大幅度融化，导致海平面大大上升，一些岛屿国家和沿海城市将淹于水中，其中包括几个著名的国际大城市，如纽约、上海、东京和悉尼。

▲ 冰山融化

温室效应主要是由于现代化工业社会过多地燃烧煤炭、石油和天然气，这些燃料燃烧后放出大量的二氧化碳气体进入大气造成的。二氧化碳气体具有吸热和隔热的功能，它在大气中增多的结果，是形成一种无形的玻璃罩，使太阳辐射到地球上的热量无法向外层空间发散，其结果是地球表面变热起来。因此，二氧化碳也被称为温室气体。

人类的活动向大自然还排放其他温室气体，它们是：氯氟烃（CFC）、甲烷、低空臭氧和氮氧化物气体。

▲ 森林被砍伐

地球上可以吸收大量二氧化碳的是海洋中的浮游生物和陆地上的森林，尤其是热带雨林。为减少大气中过多的二氧化碳，一方面需要人们尽量节约用电（因为发电烧煤），少开汽车；另一方面保护好森林和海洋，比如不乱砍滥伐森林，不让海洋受到污染以保护浮游生物的生存。我们还可以通过植树造林、减少使用一次性方便木筷、节约纸张（造纸用木材）、不践踏草坪等行动来保护绿色植物，使它们多吸收二氧化碳来帮助减缓温室效应。

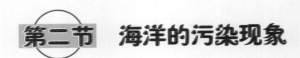

第二节　海洋的污染现象

1. 海洋中出现神奇的赤潮

赤潮是一种灾害性的水色异常现象。赤潮发生时，海水会发出一股腥臭味，颜色大多都变成红色或近红色。

赤潮又称为红潮，它是海洋中某些浮游生物在一定环境条件下暴发性增殖或聚集，引起水色变化的一种生态异常现象。赤潮生物多为浮游植物（藻

▲　水温较冷的时期不会发生赤潮

类），在我国海域约分布有 130 种。

赤潮灾害，可通过产生毒素、对动物鳃组织的物理性刺激或降低水体中溶解氧，引起海洋动物的大量死亡；同时藻类毒素通过在鱼类和贝类体内富集，最终对摄食它们的其他动物，包括人类，产生毒害作用。营养盐，

▲ 赤潮

是赤潮藻赖以生存的物质基础；光、温度、盐度、微量元素（铁等）、维生素（B_2 等）、海流等，是赤潮藻能否旺发的辅助条件。浮游动物的摄食压力和赤潮藻自身的死亡，则抑制赤潮藻的旺发。由此可见，海水富营养化，是赤潮发生的必要条件。在此基础上，在其他若干辅助因素共同作用下，导致赤潮藻的旺发，即发生赤潮。

赤潮会导致海洋生态平衡的破坏。海洋是一种生物与环境、生物与生物之间相互依存、相互制约的复杂生态系统。系统中的物质循环、能量流动，都是处于相对稳定、动态平衡的。当赤潮发生时，这种平衡就遭到干扰和破坏。在植物性赤潮发生初期，由于植物的光合作用，水体会出现高叶绿素、高溶解氧、高化学耗氧量。这种环境因素的改变，致使一些海洋生物不能正常生长、发育、繁殖，导致一些生物逃避甚至死亡，破坏了原有的生态平衡。

赤潮，还会对海洋渔业和水产资源造成破坏。赤潮对鱼、虾、贝类等资源的主要破坏是：破坏渔场的饵料基础，造成渔业减产；赤潮生物的异常繁殖，可引起鱼、虾、贝等经济生物瓣机械堵塞，造成这些生物窒息而死；赤潮后期，赤潮生物大量死亡，在细菌分解作用下，可造成环境严重缺氧或者产生硫化氢等有害物质，使海洋生物缺氧或中毒死亡；有些赤潮生物的体内或代谢产物中含有生物毒素，能直接毒死鱼、虾、贝类等生物。

赤潮还会危害人类的健康。有些赤潮生物分泌赤潮毒素，当鱼、贝类处于有毒赤潮区域内，摄食这些有毒生物，虽不能被毒死，但生物毒素可在体内积累，其含量大大超过人体可接受的水平时，摄食这些鱼虾、贝类就会引起人体中毒，严重时可导致死亡。

海水富营养化，是赤潮发生的物质基础和首要条件。由于城市工业废水和生活污水大量排入海中，使营养物质在水体中富集，造成海域富营养化。此时，水域中氮、磷等营养盐类，铁、锰等微量元素以及有机化合物的含量大大增加，就会促进赤潮生物的大量繁殖。赤潮检测的结果表明，赤潮发生海域的水体均已遭到严重污染，

▲ 危害人类健康的赤潮

▲　赤潮会影响养殖业

富营养化，氮磷等营养盐物质大大超标。其次，一些有机物质也会促使赤潮生物急剧增殖。

赤潮的发生，也与水文气象和海水理化因子的变化有关。海水的温度，是赤潮发生的重要环境因子，20℃～30℃是赤潮发生的适宜温度范围。科学家发现，一周内水温突然升高大于2℃，是赤潮发生的先兆。海水的化学因子如盐度变化，也是促使生物因子赤潮生物大量繁殖的原因之一。

随着全国沿海养殖业的大发展，尤其是对虾养殖业的蓬勃发展，也产生了严重的污染问题。在对虾养殖中，人工投喂大量饲料使饲养池内残存饵料增多，严重污染了养殖水质。

2. "圣婴"——厄尔尼诺现象

"厄尔尼诺"一词，来源于西班牙语，原意为"圣婴"。19世纪初，在南美洲的厄瓜多尔、秘鲁等西班牙语系的国家，渔民们发现，每隔几年，从10月至第二年的3月，便会出现一股沿海岸南移的暖

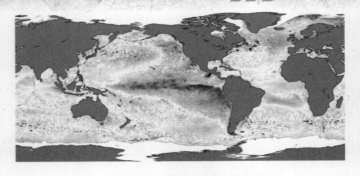

▲ 厄尔尼诺现象发生时的异常洋流

流，使表层海水温度明显升高。南美洲的太平洋东岸，本来盛行的是秘鲁寒流，随着寒流移动的鱼群使秘鲁渔场成为世界三大渔场之一，但这股暖流一出现，性喜冷水的鱼类就会大量死亡，使渔民们遭受灭顶之灾。由于这种现象最严重的时期往往在圣诞节前后，于是遭受天灾而又无可奈何的渔民将其称为上帝之子圣婴。后来，在科学上，此词语用于表示在秘鲁和厄瓜多尔附近几千千米的东太平洋海面温度的异常增暖现象。当这种现象发生时，大范围的海水温度可比常年高出 3℃~6℃。太平洋广大水域的水温升高，改变了传统的赤道洋流和东南信风，导致全球性的气候反常。

厄尔尼诺现象，又称厄尔尼诺海流，是太平洋赤道带大范围内海洋和大气相互作用后失去平衡而产生的一种气候现象，是沃克环流圈东移造成的。正常情况下，热带太平洋区域的季风洋流

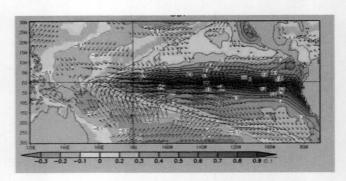

▲ 厄尔尼诺现象示意图显示气候异常

是从美洲走向亚洲，使太平洋表面保持温暖，给印度尼西亚周围带来热带降雨。但这种模式每2~7年被打乱一次，使风向和洋流发生逆转，太平洋表层的热流就转而向东走向美洲，随之便带走了热带降雨，出现所谓的"厄尔尼诺现象"。

太平洋的中央部分是北半球夏季气候变化的主要动力源。通常情况下，太平洋沿南美大陆西侧，有一股北上的秘鲁寒流，其中一部分变成赤道海流，向西移动。此时，沿赤道附近海域向西吹的季风使暖流向太平洋西侧积聚，而下层冷海水则在东侧涌升，使得太平洋西段菲律宾以南、新几内亚以北的海水温度升高，这一段海域被称为"赤道暖池"，同纬度东段海温则相对较低。对应这两个海域上空的大气也存在温差，东边的温度低、气压高。冷空气下沉后向西流动；西边的温度高、气压低，热空气上升后，转向东流。这样，在太平洋中部，就形成了一个海平面冷空气向西流、高空热空气向东流的大气环流（沃克环流），这个环流在海平面附近就形成了东南信风。但有些时候，这个气压差会低于多年平均值，有时又会增大，这种大气变动现象被称为"南方涛动"。

当厄尔尼诺现象发生时，热带中、东太平洋海温

▲ 干裂的土壤

▲ 厄尔尼诺对植物的影响

迅速升高，主要降水区由印度尼西亚地区东移至日界线附近，直接导致该海域和南美太平洋沿岸哥伦比亚、厄瓜多尔和秘鲁等地异常多雨。厄尔尼诺现象还会抑制西太平洋和北大西洋热带风暴生成，使得东北太平洋飓风增多。

另一方面，厄尔尼诺现象又使热带西太平洋降雨减少，造成南亚、印度尼西亚、马来西亚、东南亚和澳大利亚等地大范围的严重干旱。厄尔尼诺，还会导致加拿大西部、美国北部出现暖冬，使美国南部冬季潮湿多雨。

厄尔尼诺现象对我国的影响，首先是台风减少。厄尔尼诺现象发生后，西北太平洋热带风暴（台风）的产生个数及在我国沿海登陆个数，均较正常年份少；其次，是我国北方夏季易发生高温、干旱。通常在厄尔尼诺现象发生的当年，我国的夏季风较弱，季风雨带偏南，位于我国中部或长江以南地区和我国北方地区的夏季，往往容易出现干旱、高温。1997年，强厄尔尼诺现象发生后，我国北方的干旱和高温十分明显；而我国南方发生低温、洪涝。在厄尔尼诺现象发生后的次年，在我国南方，包括长江流域和江南地区，容易出现洪涝。近百年来发生在我国的严重洪水，如 1931 年、1954 年和 1998 年，都发生在厄尔尼诺现象的第二年。我国在 1998 年遭遇特大洪水，厄尔尼诺现象便是最重要的影响因素之一。还有，在厄尔尼诺现象发生后的冬季，我国北方地区容易出现暖冬。根据近 50 年的气象资料，厄尔尼诺现象发生后，我国当年冬季温度偏高的几率较大，第二年我国南部地区夏季降水容易偏多，而北方地区往往出现大范围干旱。1997 年至 1998 年间发生的厄尔尼诺现象，在全球造成严重灾害。当时，墨西哥部分地区因干旱时间过长，地里甚至会喷发出火焰和烟雾。

厄尔尼诺现象的形成原因，是当代科学之谜。大多科学家认为，原因不外乎两大方面：一是自然因素，赤道信风、地球自转、地热运动等都可能与其有关；二是人为因素，即人类活动加剧，气候变暖，也是赤道水暖事件剧增的可能原因之一。一般认为，厄尔尼诺现象是太平洋赤道带大范围内海洋与大气相互作用失去平衡而产生的一种气候现象。在东南信风的作用下，南半球太平洋大范围内海水被风吹起，向西北方向流动，致使澳大利亚附近洋面比南美洲西部洋面水位高出大约 50 厘米。当这种作用达到一定程度后，海水就会向相反方向流动，即由西北向东南方向流动。反方向流动的这一洋流是一股暖流，即厄尔尼诺暖流，其尽头为南美西海岸。受其影响，南美西海岸的冷水区变成了暖水区，该区域降水量也大大增加。厄尔尼诺现象的基本特征是：赤道太平洋中、东部海域大范围内海水温度异常升高，海水水位上涨。

3. "圣女"——拉尼娜现象

拉尼娜，是指赤道太平洋东部和中部海面温度持续异常偏冷的现象。这是气象界和海洋界使用的一个新名词。拉尼娜是西班牙语"La Ni a"——"小女孩，圣女"的意思。它是厄尔尼诺现象的反相，表现为东太平洋明显变冷，同时也伴随着全球性气候混乱。它总是出现在厄尔尼诺现象之后。一般情况下，拉尼娜现象会随着厄尔尼诺现象而来。在出现厄尔尼诺现象的第二年，都会出现拉尼娜现象，有时拉尼娜现象会持续两三年。

厄尔尼诺与拉尼娜现象，通常交替出现，对气候的影响大致相反，通过海洋与大气之间的能量交换，改变大气环流而影响气候的变化。从近50年的监测资料看，厄尔尼诺出现频率多于拉尼娜，强度也大于拉尼娜。拉尼娜常发生于厄尔尼诺之后，但也不是每次都这样。厄尔尼诺与拉尼娜相互转变，需要大约4年的时间。我国海洋学家认为，我国在1998年遭受的特大洪涝灾害，是由"厄尔尼诺—拉尼娜现象"和长江流域生态恶化共同引起的。

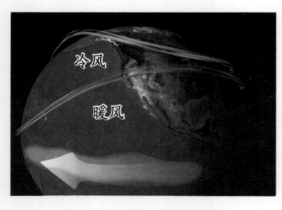

冷风

暖风

▲ 拉尼娜现象时的冷风和暖风

那么，拉尼娜究竟是怎

样形成的？厄尔尼诺与赤道中、东太平洋海温的增暖、信风的减弱相联系，而拉尼娜却与赤道中、东太平洋海温变冷和信风的增强相关联。因此，实际上拉尼娜是热带海洋和大气共

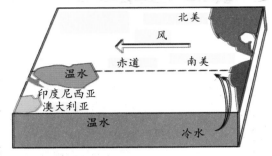

▲ 美国拉尼娜现象发生时的风和洋流

同作用的产物。海洋表层的运动，主要受海表面风的牵制。信风的存在使得大量暖水被吹送到赤道西太平洋地区，在赤道东太平洋地区暖水被刮走，主要靠海面以下的冷水进行补充，赤道东太平洋海温比西太平洋明显偏低。当信风加强时，赤道东太平洋深层海水上翻现象更加剧烈，导致海表温度异常偏低，使得气流在赤道太平洋东部下沉，而气流在西部的上升运动，更为加剧，有利于信风加强。这样，进一步加剧赤道东太平洋冷水发展，引发所谓的拉尼娜现象。

国家气候中心综合分析了这些年份的气候变化后认为，这个调皮的"小女孩"将对春、夏气候产生以下几个方面的影响：春季北方沙尘暴日数明显增多；全国出现干旱的范围较大，森林火险等级较高；南方发生洪涝灾害的可能性大。

从世界范围来看，拉尼娜现象在南部非洲引起暴风雨和洪灾，在肯尼亚和坦桑尼亚引起干旱，在菲律宾和印度尼西亚酿成洪灾，在南美洲的南部地区则是异常的潮湿天气，与厄尔尼诺引起的现象正好

相反。

▲ 森林火灾

2008 年，我国受到拉尼娜现象的影响，南方出现了 4 次历史罕见的大范围低温雨雪冰冻天气过程。这对南方早稻播种的影响是：华南地区（两广及福建大部）在 2 月中旬至 3 月份的早稻播种期天气，华南南部较常年同期偏差；华南北部较常年同期偏好，仅在 3 月中旬前期有 2~4 天的低温阴雨天气，对早稻播种影响不大；江南地区春播气候条件偏差。台风活动的影响：拉尼娜现象发生年，由于热带太平洋海温西暖东冷的结构，使西太平洋暖流区对流活跃，容易造成夏季台风活动偏多，初夏生成台风和汛期，影响我国的台风较为活跃，并有利于北上台风的活动。

▲ 2008 年我国南方出现的罕见冰冻天气

第三节 水资源与土地问题

1. 为什么有的地方会发生地面下沉

我们居住的地面并不平静，它每时每刻都在运动着。现在发现许多工业城市的地面正在不断下沉。日本的大阪年下沉速度超过 20 厘米；墨西哥首都墨西哥城，20 世纪 60 年代以来下沉了 6 米。我国最大的工业城市上海，从 20 世纪 20 年代至今，下沉最严重的地区已达 2.37 米。地面下沉造成地下管道扭曲、断折，道路不平，码头淹没，海水倒灌；建筑物因不均匀下沉，产生裂缝甚至倒塌，给工业生产、市政建设和人民生活带来极大危害，已经成为城市的一大公害。虽然地壳本身运动也能引起地面沉降，但速度极为缓慢。目前引起工业城市地面下沉的主要原因是大量抽取地下水。在上海，工厂集中，开凿深水井多，取用地下水量

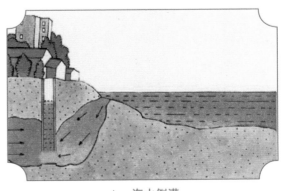

▲ 海水倒灌

▲ 延伸到海中的防护堤

大的地段往往就是地面下沉最厉害的地区。含水土层中的地下水被大量抽取，形成空隙，受上部土层的压力而被压缩，反映在地面上就是地面下沉。抽取地下水的水量越大，地面下沉的速度也越块。沿海的工业城市，如果没有相应的保护措施，而盲目地大量开采地下水，有朝一日地面会下沉到海平面以下，被海水淹没。目前，防止地面下沉的措施，主要是人工补给地下水源，即人工回灌。上海市自采取人工回灌以来，地面下沉的趋势得到了有效控制。

2. 水资源枯竭已成为逼近人类社会的危机

水是生命的源泉。水，似乎无所不在。然而饮用水短缺，却威胁着人类的生存。目前，世界的年耗水量已达 7 万亿立方米，加之工业废水的排放、化学肥料的滥用、垃圾的任意倾倒、生活污水的剧增，使河流变成阴沟，湖泊变成污水地，滥垦滥伐造成大量水分蒸发和流失，饮用水在急剧减少。水荒给人类敲响了警钟。据全球环境监测系统水质监测项目表明，全球大约有 10% 的监测河流受到污染，生化需氧量值超过 6.5 毫克/升；水被氮和磷污染，污染河流含磷量均值为未受污染河流平均值的 2.5 倍。另据联合国统计，目前全世界已有100多个国家和地区生活用水告急，其中 43 个国家为严重缺水，危及 20 亿人口的生存，主要分布在非洲和中东地区。许多科学家预言：水在 21 世纪将成为人类最缺乏的资源。

▲ 节约用水

3. 为什么要恢复"地球之肾"——湿地

湿地，是指水域与陆域之间的交会地带，经常或间歇地被潮汐、洪水淹没的土地，涵括了我们所熟知的盐水及淡水沼泽、草泽、林泽、河口、水塘、低洼积水区和潮汐滩地等。

湿地是提供野生生物和鱼类栖息地、调节洪水、净化水质、生产天然物以及作为休闲和自然教学的好地方。

湿地孕育了许多的动植物，不但有水生植物和昆虫，还有鱼、虾、贝类以及到此觅食的哺乳类和鸟类等。尤其是许多稀有和濒临灭绝的动物，多依靠湿地所供给的食物而生存。而多数的鱼、虾也成为人类的重要食物来源。

湿地能吸收和储存洪水、调节水位，即使洪水太大，无法全部容纳，生长在湿地的树木和草丛也会阻缓洪水的速度，减少灾害。

▲ 湿地

湿地就像大地的肾脏，具有保存水中的养分、过滤化学和有机废物、积存悬浮物的功能。当河水挟带着污染物流经湿地时，湿地上的水生植物，如水草、芦苇、香蒲等，会使水流速度减缓，吸附重金属，且让污染物沉淀在湿地的底部，使水质得以净化。

湿地还可以凭借植物留存氮和磷，预防水质优氧化。这些植物还可以将太阳能转换成微生物，并制造氧气，提供鱼、虾、森林、野生动物赖以维持生命的养分。

湿地不但是郊游、绘画和休闲的好去处，也因为蕴藏丰富的物种而成为自然教学的天然教室。鱼塘及基围等湿地，提供水产食物，也是风光美好的景点。

其实，湿地早在很久以前，就一直扮演着"生命基因库"的角色。科学家及田野调查工作者的研究成果，更直接说明了湿地本身多样性的功能和过去被忽视、却一直为人们所利用的价值。

■ 4. 土地退化和沙漠化是孕育沙漠的温床 ■

土地退化和沙漠化，是指由于人们过度放牧、耕作、滥垦滥伐等人为因素和一系列自然因素的共同作用，使土地质量下降，并逐步沙漠化的过程。全球土地面积的 15％已因人类活动而遭到不同程度的退化。土地退化中，水侵蚀占 55.7％，风侵蚀占 28％，化学现象（盐化、液化、污染）占 12.1％，物理现象（水涝、沉陷）占 4.1％。土壤侵蚀年平均速度，

▲　土地沙化

为每公顷约 500~2000 千克。全球每年损失灌溉地 150 万平方公顷。70％的农用干旱地和半干旱地已沙漠化，最为严重的是北美洲、非洲、南美洲和亚洲。在过去的 20 年里，因土地退化和沙漠化，使全世界饥饿的难民由 4.6 亿人增加到 5.5 亿人。

第四节　森林环保知识

1. 为什么说森林面积减少是"地球之肺"的溃疡

　　森林被誉为"地球之肺""大自然的总调度室"，对环境具有重大的调节功能。因发达国家广泛进口和发展中国家开荒、采伐、放牧，使得森林面积大幅度减少。据绿色和平组织估计，100 年来，全世界的原始森林有 80％遭到破坏。另据联合国粮农组织最新报告显示，如

果用陆地总面积来算，地球的森林覆盖率仅为26.6%。森林减少，导致土壤流失、水灾频繁、全球变暖、物种消失等。一味向地球索取的人类，已将自己生存的地球推到了一个十分危险的境地。

▲ 森林火灾

2. 要回收废纸，保护森林

废纸并不直接用于保护森林，但废纸的回收利用，可节约用于造纸的木材，因而间接地减少了对森林的采伐量，从而起到保护森林资源的作用。回收1000千克废纸，可生产800千克的再生纸，节约木材4立方米，因而相当于保存17棵大树。一个大城市一年丢弃的废纸有上万吨，相当于每年砍伐数十万棵大树。把废纸回收起来，用作再生纸生产，除了有保护森林资源的意义外，还有相当可观的经济效益。比如，建造一个以废纸为原料的纸厂，可以省去以原木为原料造纸时的原木加工处理工序，因而节约投资50%。另外，用废纸造纸，水、电、煤、烧碱的消耗也大

▲ 回收的废纸

大减少。所以，世界各国对废纸的回收利用相当重视。如日本东京的废纸回收率为78％，全国有一半废纸回收。英国谢菲尔德市全市丢弃的2700万千克废纸，全部用于再造纸浆。德国的废纸有83％回收。美国是废纸利用和废纸出口的大国。

▲ 森林植被

废纸原是废弃物，回收利用之后，可省去作为垃圾的处理费用，减少对森林的采伐量，再生纸张又有商品价值，真可谓一举三得。生产纸张，大部分以木材为原料，而木材的来源——森林，是我们赖以生存的根本，是"地球之肺"，所以废纸的回收利用保护了森林。同时造纸还要污染环境，所以节约纸张，就等于保护了我们生存的空间。在我们每天繁忙的学习和工作中，留心一下准备扔掉的废纸，也许反面还能用。即使是没有空白的废纸，也不要随便扔进垃圾桶。回收1000千克废纸，可以少砍17棵大树，生产800千克好纸，减少35％的水污染，节省一半以上的造纸能源。

▲ 河堤上的树木

第五节 生态保护知识

1. 为什么维护生态平衡至关重要

人口爆炸，已使地球不堪重负；环境污染，已使地球伤痕累累；生态失衡，已使她失去了昔日的辉煌；物种灭绝，危及整个生物圈。面对无穷无尽的污染，河流在悲泣，泉水在呻吟，海水在怒号。森林匿迹，溪流绝唱，草原退化，流沙尘扬。我们的地球正超负荷运转，我们的家园正走向衰亡。生物多样性的减少，必将使人类患上"孤独症"。因此，挽救自然，挽救生态，挽救环境，挽救地球，已经刻不容缓。

生物多样性减少，是指包括动植物和微生物的所有生物物种。由于生态环境的丧失，对资源的过分开发，环境污染和引进外来物种等原因而不断消失。据估计，地球上的物种约有3000万种。自1600年以来，已有724个物种灭绝，目前已有3956个物种濒临灭绝，3647个物种为濒危物种，7240个物种为稀有物种。

多数专家认为，地球上生物的1/4，可能在未来20~30年内处于灭绝的危险；1990~2020年内，全世界5%~15%的物种可能灭绝，也就是每天消失 40~140 个物种。生物多样性的存在，对进化和保护生物圈的生命，维持生态系统的正常运行，具有不可替代的作用。

　　生态系统一旦失去平衡，会发生非常严重的连锁性后果。我国曾发起把麻雀作为"四害"之一来消灭的运动。后来科学家们发现，麻雀是吃害虫的好手。消灭了麻雀，害虫没有了天敌，就大肆繁殖起来，导致虫灾、农田绝收等一系列恶果。生态系统的平衡，往往是大自然经过了很长时间才建立起来的动态平衡。一旦受到破坏，有些平衡就无法重建了，带来的恶果可能是人的努力无法弥补的。因此，人类要重视生态平衡，而决不要轻易去破坏它。

　　生态平衡是指生态系统内两个方面的稳定：一方面是生物种（即生物、植物、微生物）的组成和数量比例相对稳定；另一方面是非生物环境（包括空气、阳光、水、土壤等）保持相对稳定。生态平衡是一种动态平衡。比如，生物个体会不断发生更替，但总体上看系统保持稳定，生物数量没有剧烈变化。我国每年除了自然力引发的灾害外，人为对环境与资源的破坏，加剧了自然灾害，或直接造成了生态的退化与危机。人口膨胀、大气污染、水土流失、水污染与水荒、土壤沙化与植被荒漠化等问题，较为明显。造成生态系统破坏与退化的人为因素，可以归结为"五滥"，即滥垦、滥牧、滥伐（林木）、滥采（药材）、滥用水资源。

　　这些行为，直接地使生物多样性显著消减，并且恶化了生物的生存环境。因此，全社会要积极行动起来，为维护生态平衡作出努力。

2. 6月5日被定为世界环境日

　　20世纪六七十年代，随着各国环境保护运动的深入，环境问题已成为重大的社会问题。一些跨越国界的环境问题频繁出现，环境问题和环境保护逐步进入国际社会生活的议题。

　　1972年6月5~16日，联合国在瑞典的斯德哥尔摩召开人类环境会议，来自113个国家的政府代表和民间人士，就世界当代环境问题以及保护全球环境战略等问题进行了研讨，制定了《联合国人类环境会议宣言》和109条保护全球环境的"行动计划"的建议，提出了7个共同观点和26项共同原则，以鼓舞和指导世界各国人民保持和改善人类环境，并建议将此次大会的开幕日定为"世界环境日"。

▲　世界环境日徽标

　　1972年10月，第27届联合国大会通过决议，将6月5日定为"世界环境日"。联合国根据当年的世界主要环境问题及环境热点，有针对性地制订每年的"世界环境日"的主题。联合国系统和各国政府，每年都在这一天开展各种活动，宣传保护和改善人类环境的重要性。联合国环境规划署同时发表《环境现状的年度报告书》，召开表彰"全球500佳"国际会议。

3. 为什么要创立"地球日"

每年的4月22日是"世界地球日"。世界地球日活动起源于美国。1970年4月22日，美国首次举行了声势浩大的"地球日"活动。这标志着美国环保运动的崛起，同时促使美国政府采取了一些治理环境污染的措施。

作为人类现代环保运动的开端，"地球日"活动推动了多个国家环境法规的建立。1990年4月22日，全世界140多个国家和地区同时在各地举行了各种各样的宣传活动，主题是如何改善全球整体环境。这项活动得到了联合国的首肯。此后，4月22日被确定为"世界地球日"。

世界地球日活动的举办，旨在唤起人类爱护地球、保护家园的意识，促进资源开发与环境保护协调发展。世界地球日每年都设有国际统一的特定主题，它的总主题始终是"只有一个地球"。从20世纪90年代起，中国每年4月22日都举办世界地球日宣传活动，并根据当年的情况确定活动主题。

地球是人类的共同家园。然而，近几十年来，人类在最大限度从自然界获得各种资源的同时，也以前所未有的速度破坏着地球生态环

▲ 人类保护自己共同的家园——地球

境，全球气候和环境因此急剧变化。统计表明：自 1860 年有气象仪器观测记录以来，全球年平均温度升高了 0.6 ℃，最暖的 13 个年份均出现在 1983 年以后。20 世纪 80 年代，全球每年受灾害影响的人数平均为 1.47 亿，而到了 20 世纪 90 年代，这一数字上升到 2.11 亿。自然环境的恶化，也严重威胁着地球上的野生物种。如今，全球 12% 的鸟类和 25% 的哺乳动物濒临灭绝。过度捕捞，已导致 1/3 的鱼类资源枯竭。

随着环保意识的普及与加强，国际社会正逐步采取相关措施，保护地球环境，并初见成效。2000 年制定的《联合国千年宣言》，将环境保护问题纳入其中。2005 年 2 月 16 日，旨在控制温室气体排放的《京都议定书》正式生效，标志着人类在控制全球环境方面迈出了一大步。此外，一些民间环境保护团体也日趋活跃，成为政府之外的一支生力军。

4. 环保产业为什么发展迅猛

环保产业是随着人类环保事业的发展而慢慢发展起来的。

当治理环境污染、改善环境已变为人们的迫切需要和经济发展需要时，许多治理污染的公司和厂家大量成立，环保产业开始迅速发展。

环保产业包括：为环保治理工程提供的设备、药剂、仪器、材料等产品，为人类社会提供的环境工程技术成套服务

▲ 湿地

以及其他的"软件"产品；特别是自然生态保护产业，以自然生态为主，开展了各种各样以保护性为主（如绿色产品）的生产经营活动。

现今，被称为"朝阳产业"的世界性环保市场，投资以每年大约5%~20%的速度迅速增长，在20世纪末达到6000亿美元左右。从某些国家和地区来看，环保产业需求量大。倒如：美国的环保产业投资，20世纪90年代比80年代增长3倍，每年大约有140亿~180亿美元；英国投资70亿美元，用这笔钱让排放的烟气达到欧盟所制定的排放标准；中国香港地区在10年内，投入200亿港元保护人类环境。

目前在中国，有近2000家从事环保工业的大型企业。随着环保事业的不断扩大，中国的环保产业将大有前途。

5. 为什么要制定环境质量标准

国家标准，是适用于全国范围的标准。我国幅员辽阔，人口众多，各地区对环境质量要求都不相同，各地工业发展水平、技术水平和构

成污染的状况、类别、数量等也不相同，环境中稀释扩散和自净能力也不一样，完全执行国家质量标准和排放标准是不适宜的。

为了更好地控制和治理环境污染，结合当地的地理特点、水文气象条件、经济技术水平、工业布局、人口密度等因素进行全面规划，综合平衡，划分区域和质量等级，提出实现环境质量要求，同时增加或补充国家标准中未规定的当地主要污染物的项目及允许浓度，有助于治理污染，保护和改善环境。

省人民政府对国家环境质量标准中未作规定的项目，可制定地方环境质量标准，并报国家环保总局备案。省人民政府对国家污染物排放标准中未作规定的项目，可以制定地方污染物排放标准，对国家已规定的项目，可以制定严于国家规定的污染物排放标准，并报国家环保总局备案。凡是向已有地方污染物排放标准的区域排放污染物的，应当执行地方污染物排放标准。

▲ 水库

在 1992 年 6 月 3 日和 6 月 14 日这两天中，170 多个国家代表，其中包括 100 多个国家的元首和重要的政府首脑，从繁忙的工作中抽身，聚集在巴西的里约热内卢，参加联合国环境与发展大会（又称地球会议）。由此可以充分说明，人类对地球环境高度重视。大家一致认为：未来人类的最大威胁，是来自于环境污染所带来的灾难。环保

专家特别指出，比较集中的环境问题包括：（1）沙漠化日益严重。每年大约包括 60 万平方千米的农田被沙漠化，世界的荒漠面积占地球面积的 20%。（2）森林遭到人类的严重破坏。每年大约有 15 万平方千米的森林因人类破坏而消失，世界森林面积覆盖率从 66.7% 降到 22%。（3）动物生存的环境日益恶劣。目前已知物种大约有 500 多万种，其中 20% 的动物濒临绝种，比自身的灭绝速度增加了 1000 倍。（4）世界人口量猛增，1830 年到 1930 年，在 100 年当中人口增长了大约 10 亿；1930 年到 1962 年，这 32 年中人口增长了大约 10 亿；1962 年到 1975 年，13 年当中人口增长了大约 10 亿；1975 年到 1987 年，12 年当中人口增长了大约 10 亿；1987 年至 1999 年，11 年间人口增长了大约 10 亿。（5）人类生活的水资源十分缺乏。由于水资源的时空分布十分不平衡和现代人类对水的污染，造成了"水荒"，使世界上 70% 以上的地区和居民生活用水困难。（6）环境的恶化迅速且严重。各种不同污染，

使全世界出现了不计其数的环境难民,从而每分钟都有几十人死亡。

人类只有一个地球,全世界已达成共识,人类召开地球会议,采取各种各样的措施就势在必行了。

■ 6. 为什么要进行环境监测管理 ■

环境监测管理,是对环境监测整个过程进行的全面管理。内容包括:监测样品管理、监测方法管理、监测数据管理和监测网络管理。环境监测管理的目的,是进一步确保环境监测为环境管理提供及时、准确、可靠的决策依据。

环境监测是间断或连续地测定环境中污染物的种类、数量和浓度,观察、分析其变化和对环境影响的过程。根据我国《全国环境监测管理条例》的规定,环境监测的主要任务是:对环境中各项要素进行经常性监测,掌握和评价环境质量状况及发展趋势;对各有关单位排放污染物的情况进行监视性监测;为政府有关部门执行各项环境法规、标准,全面开发环境管理工作,提供准确、可靠的监测数据和资料。

环境监测是环境保护的基础,是环境管理执法体系的重要组成部分,被喻为"环保战线的耳目和哨兵""定量管理的尺子"。

没有环境监测,环境管理只能是盲目的,科学化、定量化的环境管理便是一句空话。环境监测管理是确保环境监测高质量、高效率地为环境管理服务的根本措施。正因为环境监测对环境管理具有非常重要的作用，所以必须对环境监测进行科学管理，以保证环境监测为环境管理提供优质高效的服务。

■ 7. "人与生物圈计划"是怎么回事 ■

人与生物圈计划是一项国际性、政府间合作研究生态学的综合性计划。1970年，联合国教科文组织第十六届大会设立了人与生物圈计划。人与生物圈计划的宗旨是：通过自然科学和社会科学的结合，基础理论和应用技术研究的结合，科学技术人员、生产管理人员和决策者的结合，对生物圈及其不同区域的结构和功能进行系统研究，并预测人类活动引起的生物圈及其资源的变化，以及这些变化对人类本身的影响，为有效保护和合理利用生物圈资源，保存生物物种和遗传基因的多样性，协调和改善人类同环境的关系提供科学依据。人与生物圈计划，共有14个研究项目。为对全球重点区域进行保护，该计划建立了全球性的生物圈保护区网，生物圈保护区已发展到310多个。人与生物圈计划的研究课题已达1000多个，1万多名科学家参加了研究工作。人与生物圈计划的协调管理机构，是由30个理事国组成的人与生物圈国际协调理事会，每两年开一次会。理事会闭会期间，由执行局主持工作。秘书处设在生态科学司内，组织协调多边和双边的国际合作，促进生物圈保护区网的建立，组织研究成果和情报资料的交流，举办各种学术研讨会和培训班等。人与生物圈计划，在国际上引起了普遍的重视，已有100多个国家参加了这一计划。中国于 1972 年参加了该计划，一直是协调理事会的理事国，并于 1980 年正式成立了人与生物圈国家委员会。

世界最后一块净土

新西兰位于太平洋南部，以环境优美闻名于世，多次在世界环境绩效排名中名列第一，号称"世界最后一块净土"。

图片授权

全景网

壹图网

中华图片库

林静文化摄影部

敬　启

本书图片的编选，参阅了一些网站和公共图库。由于联系上的困难，我们与部分入选图片的作者未能取得联系，谨致深深的歉意。敬请图片原作者见到本书后，及时与我们联系，以便我们按国家有关规定支付稿酬并赠送样书。

联系邮箱：932389463@qq.com